Schönheit der Tiere

Mit Illustrationen von Suse Grützmacher

Fröhliche Wissenschaft 126

De Natura III
Herausgegeben von Frank Fehrenbach

Christiane Nüsslein-Volhard

Schönheit der Tiere
Evolution biologischer Ästhetik

Matthes & Seitz Berlin

Die Konjunktur der Natur in gegenwärtigen Debatten ist erstaunlich. Als Oppositionsbegriff zur menschlichen Kultur hat Natur schon aus zwei Gründen ausgedient. Einmal wegen des Scheiterns traditioneller dualistischer Ansätze als Konsequenz der modernen Naturwissenschaften, die den Menschen ohne Rest als Teil der Natur definieren. Zum anderen wegen der ungeheuren zivilisatorischen Dynamik, die auf, weit über und zunehmend auch unter der Erdoberfläche keine vom Menschen unberührten Residuen des Natürlichen erlaubt. Inwiefern lässt sich also auch heute noch »über Natur« sprechen? Die Bände der Reihe DE NATURA versammeln Antworten aus ganz unterschiedlichen Disziplinen. Sie gehen auf Vorträge zurück, die von der *Forschungsstelle Naturbilder* im Hamburger Warburg-Haus veranstaltet wurden.
– Frank Fehrenbach

DE NATURA bei Matthes & Seitz Berlin

Harmut Böhme, *Aussichten der Natur. Naturästhetik in Wechselwirkung von Natur und Kultur*

Wolfgang Riedel, *Unort der Sehnsucht. Vom Schreiben der Natur. Ein Bericht*

Inhalt

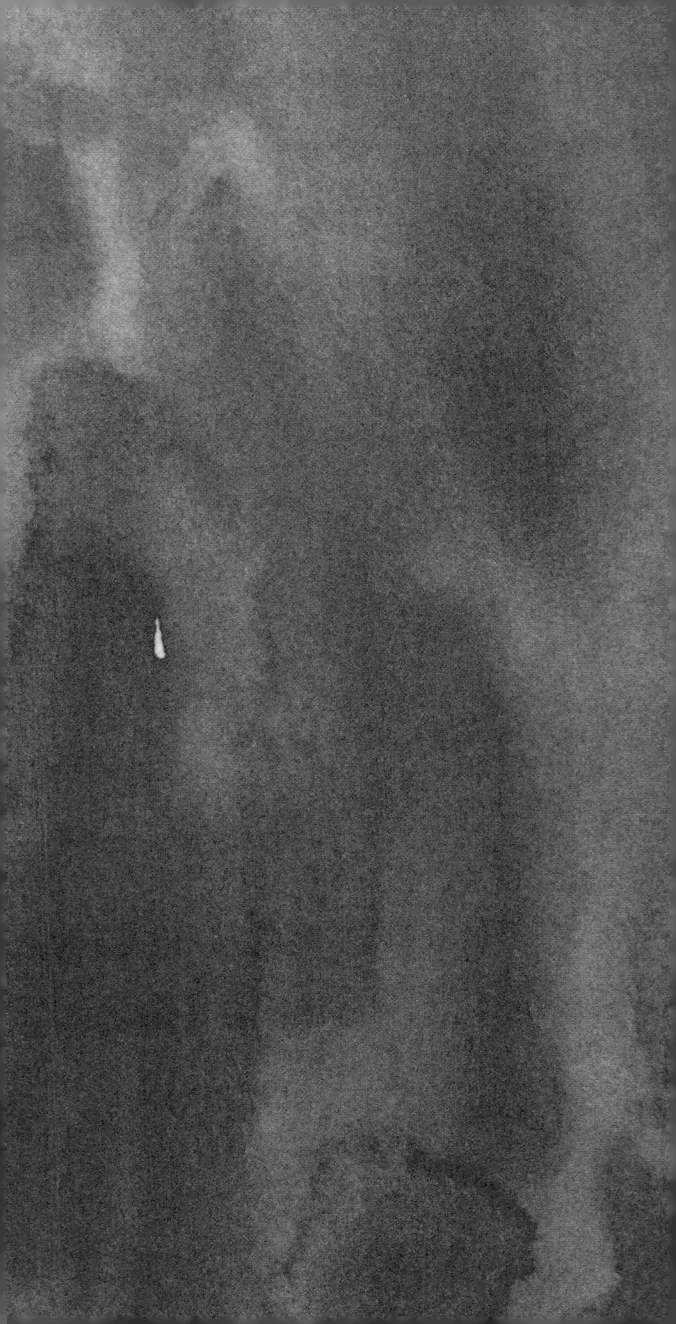

Teil 1: Evolution und Ästhetik

Die Natur wendet uns gar mannigfaltige Seiten zu; was sie verbirgt, deutet sie wenigstens an; dem Beobachter wie dem Denker gibt sie vielfältigen Anlass, und wir haben Ursache, kein Mittel zu verschmähen, wodurch ihr Äußeres schärfer zu bemerken und ihr Inneres gründlich zu erforschen ist.

Johann Wolfgang von Goethe,
Anmerkungen zum Akademiestreit, 1832

Menschen finden Farben, Muster und Gesänge von Tieren schön, ebenso wie Kunstwerke, Malerei und Musik. Menschliche Kunstprodukte sind vom Menschen für Menschen gemacht, aber wie steht es mit den wunderschönen Naturprodukten, den Ornamenten und Lauten der Tiere, der Farben- und Mustervielfalt der Pflanzenblüten? Wie kommen sie zustande, wozu sind sie da und für wen?

Schönheit ist kein Attribut, das in der Biologie zur Beschreibung von Organismen verwendet wird. Der strenge Forscher wendet den Begriff schön nicht auf Formen, Farben und Töne an, weil Schönheit vom Betrachter abhängt und mit subjektivem Empfinden verbunden ist, das zwar durch die physikalischen Eigenschaften des schönen Objekts hervorgerufen wird, sich jedoch nicht messen lässt. Und dennoch ist es wohl so, dass die Schönheit von Pflanzen und Tieren, wie wir sie erleben, in der Natur eine ähnliche Funktion wie Kunst in der menschlichen Kultur einnimmt.

Schon seit prähistorischer Zeit schmückt sich der Mensch mit fremden Federn und Fellen, da er selbst von Natur aus eher sparsam ausgestattet ist; er erwirbt die Vielseitigkeit der Farbgebung durch Artefakte. Andere Tiere können das nicht, sie zeigen ihrem Lebensstil entsprechend Formen und Farben, die – wie beim Menschen – von Artgenossen erkannt werden und der Kommunikation dienen. Wie diese Farben und Muster zustande kommen und welche Funktionen sie im sozialen Leben der

Tiere haben, soll in diesem Essay skizziert werden. Dabei können lediglich Stichproben etwas ausführlicher beschrieben werden, da zum einen die Vielfalt an möglichen Beispielen praktisch unbegrenzt, zum anderen das Wissen nicht überall gleich groß ist. Farbmuster werden nicht mit höchster Priorität erforscht, da sie als nicht lebensnotwendiges Luxusprodukt erscheinen, im Gegensatz zu anderen Attributen, zum Beispiel der Struktur von Gliedmaßen oder der Funktionsweise von Organen. Farbmuster erscheinen auch meist erst spät in der Individualentwicklung eines Tiers und ihr Werden ist so der direkten Beobachtung meist nicht zugänglich. Wie Insekten – Käfer, Fliegen und Schmetterlinge – sich färben, ist etwas genauer bekannt, aber bei Wirbeltieren liegt vieles im Dunkeln. Bei Säugetieren und Vögeln finden die entscheidenden Entwicklungen der Anlagen für Farbmuster, auch wenn sie sich erst spät ausprägen, im Bauch der Mutter oder im Vogelei, also im Verborgenen, statt. Recht gut wissen wir inzwischen bei Fischen Bescheid, und so wird am Ende des Buchs exemplarisch die Bildung des für den Zebrafisch charakteristischen Streifenmusters etwas ausführlicher geschildert.

Evolution

Bereits Charles Darwin stellte die These auf, dass Tiere Ornamente und Melodien wie der Mensch aufgrund ihrer eigenen subjektiven Empfindungen und ihrer kognitiven Erfahrungen bewerten. Diese Bewertungen können zur Evolution von attraktiven Eigenschaften führen, die nicht zweckgebunden, sondern beliebig sind und sich grundlegend von anderen, auf physikalischen Eigenschaften beruhenden Selektionsvorteilen unterscheiden.

Darwin ist der Begründer der modernen Biologie; das Moderne war, dass er die charakteristischen Eigenschaften von Pflanzen und Tieren durch natürliche Prozesse erklärte, ohne übernatürliche Faktoren zuzulassen. In seiner Biologie gibt es keinen Platz für einen Schöpfer. Seine Theorie der Evolution legte das Fundament für unser heutiges Naturverständnis und veränderte die Weltanschauung des Menschen im 19. Jahrhundert revolutionär.

Als junger Mann ist Darwin auf einer fünfjährigen Reise um die Welt; er sieht und hört, er untersucht Felsen und Gebirgsformationen, er beobachtet und sammelt mit ungeheurer Neugier und durchdringendem Interesse Pflanzen, Tiere, Fossilien. Vieles der damaligen Diversität der Natur ist inzwischen verschwunden; Darwin hatte jedoch noch einen sehr viel direkteren Zugang und näheren Kontakt zur Natur, als wir ihn heute haben können. Das Beschreiben neu entdeckter Pflanzen- und Tierarten war ein großes Thema der damaligen Biologie, was es heute längst nicht mehr ist.

Dass nicht nur Erdformationen sich im Lauf der Zeiten verändern, sondern auch biologische Evolution stattfindet, wurde Darwin durch drei Schlüsselerlebnisse auf dieser Reise klar. Er erkannte

– die Verwandtschaft zwischen den lebenden (kleinen) und fossilen (riesigen) ausgestorbenen

Gürteltieren in Südamerika;

– die Aufspaltung des Strauß-ähnlichen Nandu in geografische Unterarten und

– die verwandtschaftlichen Beziehungen zwischen den einzigartigen Formen der Tier- und Pflanzenarten auf den vulkanischen Galapagosinseln, die sich offenbar von denen des südamerikanischen Festlands ableiteten.

Bereits sehr kurz nach dieser Reise formulierte er die natürliche Selektion als Mechanismus der Artenveränderung; es brauchte jedoch noch viele zusätzliche Untersuchungen und Informationen, bis er 1859 schließlich das große Werk *On the Origin of Species by Means of Natural Selection, or the preservation of favoured races in the struggle for life* veröffentlichte. In diesem Buch beschreibt Darwin, wie der Überlebensvorteil von besser angepassten Individuen allmählich, über Millionen von Jahren, zur Veränderung der Formen, der Neuentstehung und auch dem Aussterben von Arten führt. Die Theorie der Evolution durch natürliche Selektion ist inzwischen unbestritten und durch molekulare Analysen der Gene aufs Beste bestätigt worden.

Eine Art, Spezies, ist eine Gruppe von Organismen, die einander erkennen, als Geschlechtspartner akzeptieren und untereinander fruchtbar sind. Evolution, also die Veränderbarkeit von Arten, ergibt sich aus zwei allgemein verbreiteten Eigenschaften der Organismen.

1. Variation. Individuen einer Art sind nie vollkommen gleich, sondern unterscheiden sich geringfügig in vielen Strukturen sowie auch im Verhalten. Diese Variationen treten zufällig und ungezielt auf, sind jedoch häufig erblich. Das heißt: Auch besondere Eigenschaften werden an die Nachkommen weitergegeben und solche, die sich als günstig erweisen, können sich durchsetzen.

2. Überschuss. Zur Erhaltung einer Population genügen rechnerisch zwei Nachkommen pro Elternpaar. Es werden jedoch mehr, häufig sogar sehr viel mehr Nachkommen produziert, als überleben können. Damit werden die Verluste an Nachkommen, die das fortpflanzungsfähige Alter nicht erreichen, kompensiert. Gäbe es keinen Tod vor der Fortpflanzung, so würde eine Population exponentiell, also proportional zur existierenden Zahl wachsen. Normalerweise ist der Zuwachs aber dadurch begrenzt, dass ungünstige Umweltbedingungen, beispielsweise Fressfeinde, Kälte, Hitze, Nahrungsmangel, Trockenheit, oder ungünstige Eigenschaften die Population reduzieren.

Darwin stellte nun die These auf, dass von der großen Zahl an Nachkommen bevorzugt diejenigen Individuen überleben, die besser als ihre Geschwister den Anforderungen des Lebens und der Umwelt gewachsen sind. Die Variation erlaubt, dass bei Änderung der Lebensbedingungen in beliebigen Richtungen besser angepasste Individuen Überlebensvorteile haben. Sinken beispielsweise die Temperaturen, so sind Tiere mit dichterem Fell etwas besser dran, steigen die Temperaturen, ist ein weniger dichter Haarwuchs vorteilhafter. Das führt dazu, dass die besser angepassten Individuen im Ringen ums Dasein erfolgreicher sind und sich letztlich innerhalb der Population durchsetzen, da sie mehr Nachkommen haben werden. Da Neuerungen in der Anpassung erblich sind, wird sich die durchschnittliche Konstitution einer Population von Individuen, die Art, im Lauf der Generationen unausweichlich verändern. Dieses Prinzip nannte Darwin natürliche Selektion – *„natural selection"*.

In einem weiteren Buch *The Variation of Animals and Plants under Domestication*, das 1868 erschien, erklärt Darwin das Prinzip der Selektion bei Haustieren und Kulturpflanzen. Bei der Züchtung von Pflanzen und Tieren spielt der subjektive Geschmack des Züchters eine entscheidende Rolle. Es ist erstaunlich, in welch kurzer Zeit die Auslese besonderer Varianten zu Hunderassen oder Rosensorten mit sehr unterschiedlichen neuen Eigenschaften führen kann, die den Schönheitsvorstellungen des Züchters entsprechen, wenn der Züchter die Elternpaare nur streng genug nach bestimmten Kriterien aussucht. Bei der Züchtung werden allgemein recht auffallende Individuen ausgelesen, die nur in der

Alle Hunde der Welt (*Canis lupus familiaris*) stammen vom Wolf (*Canis lupus*) ab.

geschützten Umgebung als Haustier, Gartenblume oder Kulturpflanze überleben können, während sie in freier Wildbahn kaum eine Chance haben, sich zu behaupten.

Darwin erklärte mit seiner Evolutionstheorie auf plausible Weise unzählige bis dahin schwer verständliche biologische Phänomene. Er begründete auch, dass die genetische Verwandtschaft der Arten aufgrund gemeinsamer Vorfahren die Klassifizierung nach dem „natürlichen System" von Carl von Linné (*Systema Naturae,* 1735) zwanglos erklärt. In diesem System wurde versucht, Tier- und Pflanzenarten nach morphologischen Kriterien in Gruppen und Klassen zu ordnen. Damals schrieben die Forscher in der Regel die Ähnlichkeiten zwischen Arten und das natürliche System dem Plan eines Schöpfers zu. Darwins Theorie erklärt diese Ähn-

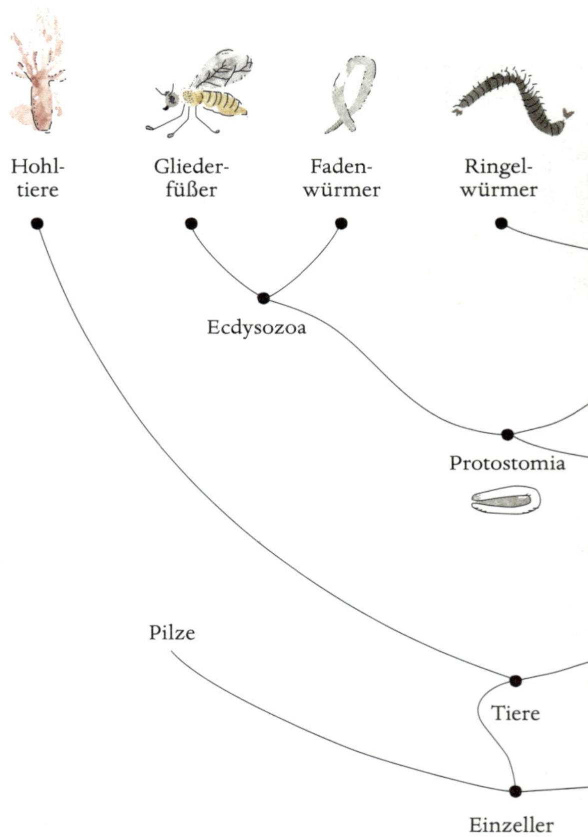

Stammbusch der Tiere

Der Bauplan eines Tiers tritt in frühen Entwicklungsstadien, die noch nicht voll funktionsfähig sind, in reinerer Form in Erscheinung als bei ausgewachsenen Tieren. Daher beruhen die Kriterien der Klassifizierung häufig auf embryonalen und larvalen Merkmalen (siehe Abb. S. 21). Die heute lebenden Tierarten lassen sich nach ihrem Bauplan in etwa 35 Stämme

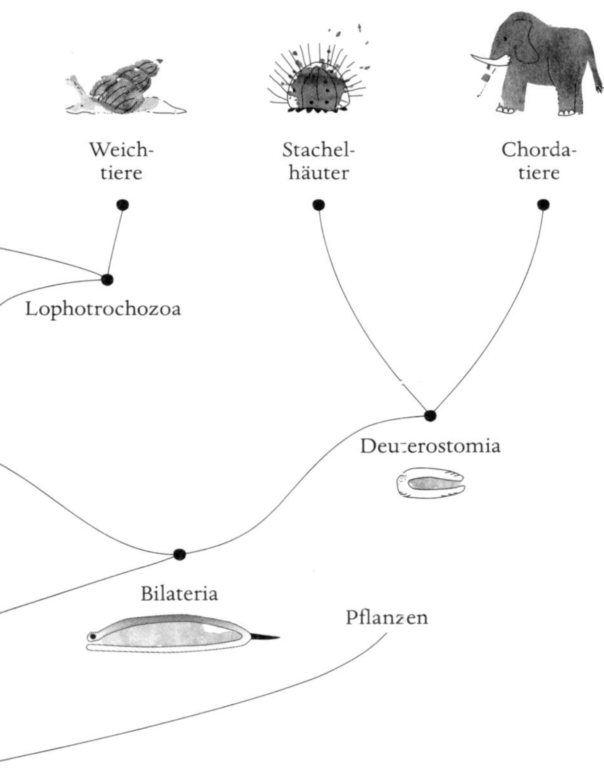

einteilen. Die weitaus meisten Tierstämme, also auch Gliederfüßer (mit den Insekten) und Chordatiere (zu denen die Wirbeltiere gehören), sind Bilaterier, die im Gegensatz zu den radialsymmetrischen Hohltieren ein Oben und Unten, sowie ein Rechts und Links aufweisen. Vermutlich gehen alle Bilaterier auf eine gemeinsame Urform zurück.

lichkeiten dagegen mit gemeinsamen Vorfahren: „All true classification is genealogical; community of descent is the hidden bond which naturalists have been unconsciously seeking and not some unknown plan of creation". Die berühmte einzige Abbildung in *Origin of Species* veranschaulicht dieses Argument: Der Stammbaum ist eigentlich ein Busch mit vielen Verzweigungen. Die Spitzen der Äste stellen die heute noch lebenden Arten dar, nach Ähnlichkeit gruppiert. Seitenzweige, die blind enden, stehen für inzwischen ausgestorbene Arten, und das sind mehr als 99 %! Die Verzweigungen versinnbildlichen die – auch nicht mehr existenten – Zwischenformen. Würden alle Arten, die bisher existiert haben, wieder zum Leben erweckt, kämen diese fehlenden Zwischenformen wieder zum Vorschein. Dies würde eine eindeutige Klassifizierung basierend auf gemeinsamer Abstammung mit Modifikationen erlauben. Arten können über lange Zeiträume der Erdgeschichte nahezu unverändert fortbestehen: Beispiele dafür sind Tiere wie der Quastenflosser, der Stör und die Pfeilschwanzkrebse, aber auch Pflanzen wie Farne und Araukarien. Arten können sich im Verlauf der Erdgeschichte jedoch auch dramatisch verändern; neue Arten können durch Aufspaltung entstehen, etwa einer geografischen Trennung folgend. Berühmte Beispiele dafür sind die Galapagosfinken, die auch schon Darwin beschrieb, oder die Buntbarsche der großen afrikanischen Seen. Die Vorfahren der jetzt leben-

Die Schnäbel der Finken auf den Galapagosinseln haben sich verschiedenen Ernährungsweisen angepasst.

den Arten sind daher nicht etwa andere heute noch lebende Arten, sondern gemeinsame Ahnen, die es heute nicht mehr gibt. Der Mensch stammt eben nicht vom Schimpansen ab, sondern hat mit ihm gemeinsame Vorfahren. Alle jetzt lebenden Organismen sind Nachfahren von Formen, die sich in der Evolution durchsetzten. Die Tiere (Metazoen) gehen auf eine Urform zurück, aus der sich im Lauf der Erdgeschichte die verschiedenen großen Tierstämme gebildet haben.

Zu Darwins Zeit und auch noch lange Zeit danach wurde hin und her debattiert, ob und inwieweit die Lebensart eines Organismus gezielt erbliche Veränderungen bewirken kann, ob also Erfahrungen und Gelerntes stabil an die Nachkommen weitergegeben werden und so zur Veränderung von Arten beitragen. Darwin jedoch postulierte richtig, dass die Variationen zufällig, willkürlich und ungerichtet sind, obwohl die Ursache der Variationen, die Logik sowie die molekularen Grundlagen der Vererbung noch völlig im Dunkeln lagen. Gregor Mendel hat seine berühmten Gesetze der Vererbung von Merkmalen an Pflanzen (Erbsen) herausgefunden und 1866 veröffentlicht; sie blieben jedoch über drei Jahrzehnte unbeachtet, und es dauerte anschließend nochmals mehr als zwei Jahrzehnte, bis ihr Zusammenhang mit Darwins Evolutionstheorie aufgedeckt wurde. Chromosomen waren bekannt, die Chromosomentheorie der Vererbung wurde jedoch erst zu Beginn des 20. Jahrhunderts durch Theodor Boveri begründet und die Mendelschen Gesetze durch Thomas Hunt Morgans Arbeiten bei Tieren, der Taufliege *Drosophila*, bestätigt. Heute wissen wir, dass die Struktur der Gene, die Desoxyribonukleinsäure (DNA), eine molekulare Verschlüsselung, Kodierung, der Eigenschaften darstellt. Genetische Variationen – Mutationen – beruhen auf Veränderungen der DNA, die als unvermeidliche Ablesefehler während der DNA-Verdopplung, der Replikation, im Rahmen der Zellteilung zustande kommen und sich auf die Funktionsweise der Gene auswirken können. Die meisten Mutationen haben sehr geringe bis keine Auswirkungen auf den Organismus; sie sind neutral. Einige Mutationen sind schädlich und führen zu einer verminderten Widerstandsfähigkeit des Individuums. In seltenen Fällen jedoch stellen sich die Mutationen unter be-

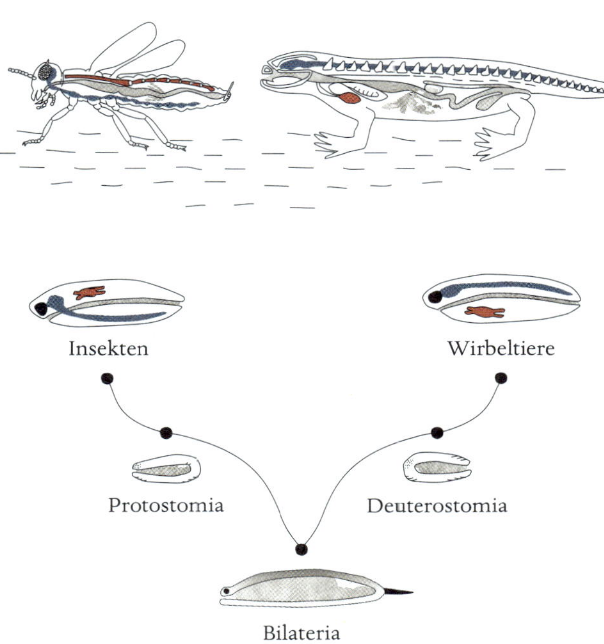

Insekten-Wirbeltiere

Beim Vergleich des Bauplans der Insekten und der Wirbeltiere fällt auf, dass die relative Anordnung einiger wichtiger Organe wie vertauscht erscheint: Das Nervensystem der Wirbeltiere, das Rückenmark, liegt auf der Oberseite des Körpers, bei Insekten hingegen liegt es auf der Bauchseite. Auch die Position des Herzens ist vertauscht. Diese umgekehrte Anordnung geht auf einen frühen Schritt in der Embryonalentwicklung, die Gastrulation (Bildung des Darms), zurück. Die Stelle der Einstülpung wird später entweder zum Mund (Protostomier) oder zum After (Deuterostomier).

stimmten Umweltbedingungen als günstig heraus. Die durch Züchtung erreichten Abweichungen wie die gefüllten Blüten der Rose, die kurzen Beine des Dackels oder die weiße Fellfarbe des Albinokaninchens gehen meist auf Mutationen zurück, die zu einem funktionellen Ausfall eines Gens führen, während Veränderungen, die bei der Evolution von Arten eine Rolle spielen, zum Beispiel etwas längeres oder kürzeres oder etwas helleres oder dunkleres Haar, auf geringfügigen Änderungen in der Wirkung der Gene beruhen. Arten evolvieren also über viele Generationen durch viele kleine Veränderungen der Gene. An der Richtigkeit von Darwins Evolutionstheorie besteht heute kein vernünftiger Zweifel mehr.

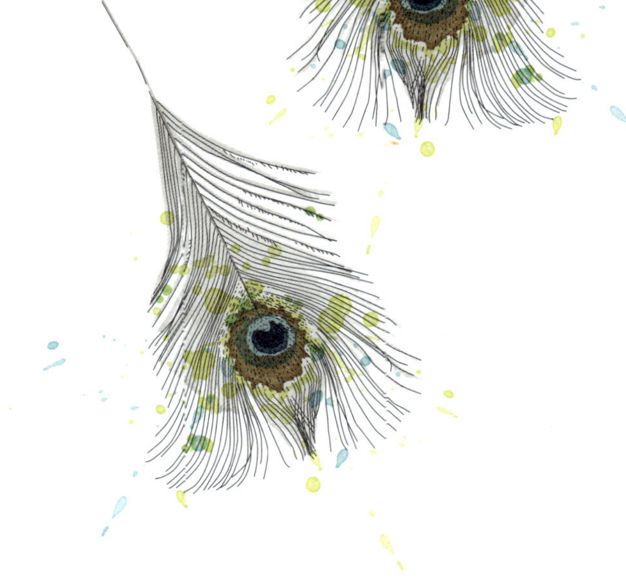

Schönheit

Als Darwin seine Theorie der natürlichen Selektion publizierte, bestand eine der Hauptkritiken darin, dass die Schönheit in der Natur, die Ornamente, die Farben, der Vogelgesang damit nicht erklärbar sei; diese schien von einem Schöpfergott allein zum Gefallen des Menschen gemacht. Diese Attribute sind tatsächlich unökonomisch: Sie sind aufwendig herzustellen, machen die Tiere auffällig für Fressfeinde und haben keine offensichtlichen Überlebensfunktionen, im Gegenteil – zahlreiche Beispiele zeigen, dass sie im täglichen Leben eher ein Handicap darstellen und sich sogar gefährdend auswirken, zum Beispiel die Schwanzfedern des Pfaus oder die großen Geweihe der Hirsche. Das war ein Problem und wurde von Darwin in einem weiteren großen Werk von 1871 aufgegriffen: *The Descent of Man and Selection in Relation to Sex*. In diesem überaus lesenswerten Buch behandelt Darwin das Thema „beauty"/Schönheit ausführlich und scheut sich nicht, Begriffe wie „a taste for the beautiful", „aesthetically pleasing" und „charming" auch auf Tiere anzuwenden. Er tut das in der Überzeugung, dass die Farben und Ornamente vieler Tiere von Artgenossen als anziehend und wohltuend wahrgenommen werden, wie auch wir sie wahrnehmen: „If female birds had been incapable of appreciating the beautiful colours, the ornaments and voices of their male partners, all the labour and anxiety exhibited by the latter in displaying their charms before the female would have been thrown away; and this is impossible to admit". Darwin schreibt also der Schönheit eine wichtige Funktion im Leben des Tiers zu. Er beschreibt die große Rolle, die Attraktivität bei der Auswahl des Partners für die Fortpflanzung bei Tieren spielt, und nennt dies „sexual selection". Der größte Teil des Buchs ist daher der ausführlichen Beschreibung von Sexualverhalten

Paradiesvögel präsentieren ihr Gefieder mit einem Tanz auf dem vorbereiteten Balzplatz.

und besonders auffallenden sekundären Geschlechtsmerkmalen im gesamten Tierreich gewidmet.

Warum beschreibt Darwin die Partnerwahl als Sonderform der Selektion ausgerechnet im Zusammenhang mit der Biologie und Abstammung des Menschen? Der Mensch verfügt weder über Fell noch Federn, die bei anderen Tieren ornamentale Färbungen aufweisen. Die menschliche Haut ist bis auf Haupthaar, Bart und spärliche Körperbehaarung nackt und gleichmäßig gefärbt. Und doch spielt das Aussehen, die Attraktivität, beim Menschen eine ganz besonders große Rolle, die sich deutlich in den vielfältigen kulturellen Attributen zeigt, mit denen dieses Aussehen modifiziert wird.

Während seiner Weltreise und auch danach sammelte Darwin nicht nur Pflanzen und Tiere und untersuchte Gesteinsformationen, sondern machte sich ausführlich Gedanken über die Natur und die Entstehung des Menschen; er wertete später auch systematisch Beobachtungen anderer Forschungsreisender aus. Auf seiner Weltreise lernte er Menschen sehr verschiedener Ethnien und Bevölkerungsgruppen kennen; damals gab es noch viele Eingeborenenstämme, Aborigines, „savages" – „Wilde", mit denen er in Berührung kam und deren Aussehen, Gesinnung, Kultur und Sitten er noch erlebte. In *The Descent of Man* begründet Darwin, dass der Mensch *Homo sapiens* aufgrund seines Bauplans zweifellos zur Klasse der Säugetiere gehört und ihm somit keine Sonderstellung neben den Tieren eingeräumt werden kann. Auch die geistigen und sozialen Eigenschaften wie Moral, Sprache und Tradition, die ihn besonders machen, sind aus Eigenschaften entstanden, die man bei einigen Tierarten beobachten kann. Darwin schreibt: „The differences are of degree, not of kind": Menschen unterscheiden sich zwar in vielen Beziehungen dramatisch von den „lower" – den niederen – Tieren, die Unterschiede sind aber graduell („of degree") und nicht prinzipiell („of kind"). Darwin spricht also nicht von dem Menschen und den Tieren, sondern von dem Menschen und den *anderen* Tieren. Für viele menschliche Verhaltenseigenschaften wie Werkzeuggebrauch, Instinkte, Sprache, Einsicht, Kunst, Moral findet er Vorstufen im Tierreich, besonders bei Affen, aber auch bei Vögeln, bei Hunden und anderen ihm gut bekannten Haustieren.

Es war zu der Zeit durchaus noch nicht generell anerkannt, dass es nur eine rezente Menschenart gibt (der Streit zwischen „monogenists“ und „polygenists“ beruhte auf der damals noch weit verbreiteten Sklaverei, die Darwin verabscheute). Wichtige Erfahrungen für Darwin waren die Bekanntschaften mit einem schwarzen freigelassenen Sklaven, der ihm beibrachte, wie man Vögel ausstopft („I used often to sit with him for he was a pleasant and very intelligent man“), und mit den drei Indiokindern, die an Bord der Beagle in ihre Heimat zurückgebracht wurden. Sie waren als „nackte Wilde“ aus Feuerland nach England gebracht worden, um sie dort in einem Internat mit englischen Sitten zu „zivilisieren“. Auf der Reise wurden sie Darwin in ihren Gesinnungen und Benehmen vollkommen vertraut; „with the many little traits of character, shewing how similar their minds were to ours“: Sie waren „von seiner Art“. In seinem *Man*-Buch bestätigt Darwin aufgrund generell akzeptierter Regeln der Klassifizierung von Arten, die auf Merkmalen der Anatomie, Physiologie, Entwicklung beruhen, dass es nur eine Art Mensch, *Homo sapiens* (Carl von Linné, 1758), gibt. Dies bedeutet, dass *Homo sapiens* zu den seltenen Tierarten gehört, die im Lauf ihrer Evolution die unterschiedlichsten Lebensräume bevölkerten, vom hohen Norden bis zum tiefsten Süden; der Mensch ist überaus flexibel, er kann in Hitze, Kälte, Bergen, Urwald, Wüste leben. Es gibt also Anpassungen an die verschiedensten klimatischen Bedingungen, Ernährungsweisen,

Herbergen, die mithilfe der menschlichen Kultur, insbesondere der Nutzung und dem Gebrauch von Feuer und der Herstellung von Gegenständen (Artefakten), bewältigt wurden. Das hat dieser Spezies, die vor etwa 200.000 Jahren in Afrika entstand, erlaubt, sich von dort aus in recht kurzer Zeit über die gesamte Erde zu verbreiten. Es gibt sonst nur wenige Tierarten, die so weit verbreitet sind; ohne Kultur ist das nicht gut möglich.

Die geografisch getrennten Völker sehen zwar sehr verschieden aus, sie können sich aber noch frei mischen. Die Unterschiede sind nur zum Teil Anpassungen an das Klima: Merkmale, die Menschen unterschiedlicher Herkunft im Aussehen unterscheiden, sind oft ganz willkürlich. Sie sind im Vergleich zu anderen, gemeinsamen Eigenschaften sehr divers. Helle oder dunkle Haut- und Haarfarbe, Bärtigkeit, Körperbehaarung, glattes oder krauses Kopfhaar, Kopfform, Gestaltung von Nasen, Lippen, Augen und vieles andere mehr sind in hohem Grad beliebig. Sie sind nicht von direktem oder speziellem Nutzen, also nicht adaptiv im Sinn von fitnesssteigernd.

Darwin folgerte daraus, dass diese Eigenschaften für die Gesundheit und Fruchtbarkeit nicht von primärer Wichtigkeit sind, sonst wären sie im Lauf der natürlichen Selektion verloren gegangen oder einheitlicher in ihrer Ausprägung. Darwin erklärt das Vorhandensein der menschlichen Varianten mit den unterschiedlichen Schönheitsidealen der Völker. Seine These ist also, dass das, was als schön betrachtet wird, bei der Partnerwahl eine besonders große Rolle spielt. Verschiedene „standards of beauty“ begründen das unterschiedliche Aussehen der menschlichen Kulturen. „Selection in relation to sex“ wird von Darwin also zuerst für den Menschen beschrieben. Eines seiner Beispiele betrifft die Hautfarbe, die zum Schutz vor UV-Strahlen in heißen Ländern im Allgemeinen dunkler ist. Aber: Trotz ähnlicher klimatischer Bedingungen weisen die Eingeborenen in den Urwäldern Südamerikas oder Afrikas unterschiedlich dunkle Hautfarben und Haarbeschaffenheit auf. Eskimos, die sich von Fischen ernähren und dick in Felle gekleidet sind, unterscheiden sich in ihrer hellen Hautfarbe kaum von den chinesischen Völkern, die bei großer Hitze und vorwiegend pflanzlicher Ernährungsweise näher am Äquator leben.

Schmuck

Ein wichtiges Attribut allerdings unterscheidet den Menschen von den anderen Tieren: Er schmückt sich. Darwin beobachtete bei allen Naturvölkern, dass sie sich zur Steigerung ihrer Schönheit bemalen, tätowieren, schminken, kleiden, künstliche Schmuckelemente und Ornamente benutzen und bisweilen

Kopf und Körper verformen und operieren, um ihre Attraktivität oder ihre Würde zu verstärken. Dabei geht es häufig um eine Überhöhung der in der entsprechenden Kultur geltenden Schönheitsmerkmale. Die nackte Haut, der Verlust eines bei Säugetieren üblichen Fells, regt zum Bemalen und zum Kleiden mit Stoffen an, die geschmückt sein können. Die künstliche Verstärkung von Schönheitsmerkmalen hat wohl etwas damit zu tun, dass der Mensch sich seiner selbst und seiner Wirkung auf andere bewusst ist und in den Spiegel schaut; er ist eitel. Und in dieser Beziehung unterscheidet sich der Mensch gründlich von den anderen Tieren; es ist möglicherweise ein ‚Alleinstellungsmerkmal', das bei keinem anderen Tier vorkommt. Persönliche Bewusstheit des eigenen Bilds mag ein Ursprung der menschlichen Kunst sein. Zu den frühesten Artefakten der Steinzeit gehören durchbohrte Muschelschalen, die als Kette um den Hals gehängt wurden. Glänzender Goldschmuck war in allen Kulturen wertvoll. Das geschmückte und geschminkte Frauenantlitz gilt für den Menschen heute als das Sinnbild der Schönheit.

Diese Kultur des Sich-Schmückens, -Schminkens und -Kleidens, wobei häufig tierische Produkte wie Felle und Federn verwendet werden, kommt tatsächlich bei keinem anderen Tier vor, denn andere Tiere sehen sich nicht selbst an; sie schmücken sich nicht mit künstlichen Attributen, sondern ihre Ornamente, Farben und Formen sind Teil ihrer Natur, sie sind angeboren.

In vielen menschlichen Kulturen werden Tierfelle oder Vogelfedern als Schmuckelemente des Kopfs verwendet.

In welchem Zusammenhang ist das Schmücken entstanden? Was macht den Entwicklungssprung zum Menschen aus? Eine wichtige Neuerwerbung der Hominiden ist wohl die geteilte Aufmerksamkeit („shared intentionality") bei gemeinsamen Tätigkeiten. Dabei muss sich ein Individuum vergewissern, dass der andere hinschaut, und mag sich besonders machen, um Aufmerksamkeit zu erregen. Gemeinsame Ziele waren wohl die Jagd, aber auch Werkzeugherstellung und die Nahrungsbereitung am Feuer. Es entwickelte sich ein Ich-, Du- und Wir-Bewusstsein und die Sprache. Das attraktive Aussehen ist beim Menschen in vielen sozialen Kontexten, nicht nur bei der Wahl des Partners, besonders wichtig.

Bei der Verständigung unter Menschen spielt das Gesicht eine sehr große Rolle; Menschen schauen sich an, wenn sie miteinander reden und etwas gemeinsam tun. Entsprechend werden kulturelle Elemente hauptsächlich als Schminke und Frisur dem Kopf zugedacht. In vielen menschlichen Kulturen werden Tierfelle oder Vogelfedern wegen ihrer Schönheit als Schmuckelemente des Kopfs verwendet. Bei vielen anderen Tieren sind Kopf und Gesicht, besonders die Augen, auch oft durch Ornamente und Farben herausgehoben; dieser Schmuck ist Signal der sozialen Verständigung zwischen Artgenossen. Obwohl sich viele gesellig lebende Tiere persönlich am Gesicht erkennen, spielt aber das Gesicht als Schönheitsobjekt bei anderen Tieren nicht die Rolle wie beim Menschen.

Auffallende Farben, Muster und Zeichnungen sind in der Haut und ihren Strukturen der anderen Tiere verteilt, die Haut selbst oder Haare, Federn, Schuppen bilden Fortsätze und Anhängsel, die über die Konturen des Körpers und Schwanzes hinausreichen. Sehr häufig sind die männlichen Tiere die Schönen und die weiblichen betreiben die Selektion, die Beurteilung und Auswahl des attraktiven männlichen Sexualpartners. Allerdings weiß der Pfau, der völlig zu Unrecht als Sinnbild der Eitelkeit betrachtet wird, nicht, dass er schön ist. Schönheit ist ein angeborenes Attribut, das bei Artgenossen des anderen Geschlechts im Gegenüber angenehme Gefühle hervorruft: „aesthetically pleasing“, „he charms the females“. Schönheit wird wahrgenommen mit allen Sinnen – über Gerüche, Farben, Ornamente, Gesang, Gefühl. Sie ist für das Individuum nicht überlebensnotwendig, spielt jedoch eine wichtige Rolle bei der Partnerwahl und damit dem Fortpflanzungserfolg, der für die Evolution entscheidend ist. Bei der „sexual selection“ wird die Auswahl durch den Artgenossen betrieben, es handelt sich um eine innerartliche Selektion, eigentlich eine Selbstselektion. So hat Darwin seine Evolutionstheorie durch das Prinzip der „sexual selection“, die anders als die „natural selection“ ein Gegenüber braucht, ergänzt.

Beispiele von Eigenschaften für „natural selection“ sind die Dicke des Fells, die Struktur der Haut, die Form des Schnabels, der Zähne, dunkle Färbung, unzählige morphologische und physiologische Anpassungen. „Sexual selection“ hingegen baut auf Blütenfarben, Blütenform bei Pflanzen und auf Farben, Muster, Gesänge bei Tieren. Blüten bieten Signale, die den Insekten das wiederholte Auffinden von Blüten einer Pflanzenart ermöglichen und für ihre Bestäubung und damit für ihren Fortpflanzungserfolg wichtig sind. Windbestäubte Pflanzen hingegen haben völlig unauffällige weibliche Organe. Der Gesang eines männlichen Vogels vertreibt männliche Artgenossen und wird von den weiblichen Artgenossen erkannt und geschätzt. Weil die Formen und Farben oder der Gesang erkannt werden, haben diese unzweifelhaft wichtige Funktionen im Leben auch der anderen Tiere, die dem Reproduktionserfolg dienen, und sind damit für die Veränderung und die Neuentstehung von Arten während der Evolution von entscheidender Bedeutung.

Ästhetik

Nicht nur bei der Partnerwahl, sondern auch bei anderen Prozessen des Sozialverhaltens spielen Farben und Ornamente eine große Rolle. Das Aussehen von Kopf bis Fuß ist beim Menschen kulturell veränderbar; es ist für viele soziale Vorgänge wichtig, wie die vielfältigen Uniformen, Ornate, Masken und

Trachten bei Ritualen, Tänzen, Spielen und in kriegerischen Auseinandersetzungen zeigen. Bei den anderen Tieren sind solche ästhetischen Merkmale allesamt angeboren, also genetisch bedingt, aber sie können in Grenzen durch das Verhalten des Tiers verstärkt, zur Schau gestellt oder verdeckt werden. Diese Attribute dienen als Signale der Kommunikation, denn um zu wirken, braucht es einen Betrachter, die subjektive visuelle Wahrnehmung durch ein anderes Individuum. Diese Signale werden erkannt und rufen eine antwortende Handlung hervor. Man kann diesen Aspekt der „sexual selection" als eine Sonderform einer allgemeineren ‚ästhetischen Selektion' aufgrund kognitiver Funktionen bei der sozialen Kommunikation auffassen. Eine Auswahl wird durch das subjektive Empfinden eines Bewertenden getroffen.

Eine Besonderheit dieser ästhetischen Merkmale und ihrer Funktion im Leben der anderen Tiere besteht also darin, dass der Empfänger das Merkmal erkennen und bewerten muss. Er kann die Kenntnis in der Jugend durch Lernen oder Prägung erwerben oder sie ist ihm angeboren. Es findet also eine Koevolution, eine parallele Entwicklung zwischen signalisierendem Sender und bewertendem Empfänger statt. Solch ein Prozess der evaluativen Koevolution geschieht in jeder Form der biologischen Kommunikation und auch in der menschlichen Kunst. Biologische Ästhetik stellt ähnlich wie die Kunst eine Kommunikationsform dar, die sich durch die stete

Beurteilung ihrer Betrachter verändert. Viele Tiere verfügen über hochentwickelte Augen, die in der Lage sind, subtile Details in Bildern und Gestalten wahrzunehmen, und haben die Fähigkeit, Unterscheidungen zu erlernen. Es gibt auch keine speziellen Eigenschaften des menschlichen sensorischen Systems, das nicht von einigen Tierarten übertroffen wird. Aus der ursprünglichen Funktion von Pigmenten und Färbungen bei Tieren, die der Abschirmung empfindlicher Körperteile vor Sonnenlicht dienen, entstanden im Verlauf der Evolution vielfältige Farben und Muster, die von anderen gesehen werden und der sozialen Kommunikation dienen.

Fast alle Tiere sind gefärbt. Säugetiere zeigen in der Regel unterschiedlich dunkle Grau- und Brauntöne, viele Fische erscheinen silbrig. Nur Tiere, die nicht dem Licht ausgesetzt sind und in Höhlen, als Parasiten in anderen Tieren oder Pflanzen oder in der Erde leben, sind farblos und blind, sie besitzen auch keine oder verkümmerte Augen.

Säugetiere sind viel weniger bunt als andere Wirbeltiere wie Fische oder Vögel. Das hängt wohl damit zusammen, dass ihre Evolution zu einer Zeit begann, als die Dinosaurier die Erde beherrschten und die Vorfahren der Säugetiere, ähnlich den heute lebenden Spitzmäusen, unterirdisch und nachtaktiv lebten, wodurch Farbigkeit verloren gegangen ist. Säugetiere sind nicht farbenblind, sie unterscheiden Farben aber schlechter als Fische und Vögel, besonders im kurzwelligen Bereich (blau, grün). Mit dem

Bei vielen Vögeln sind nur die Männer bunt, die Frauen fallen damit beim Brüten nicht so auf.

Übergang zur Tagaktivität wurde das Farbensehen neu erworben. Dagegen sind Vögel, Reptilien und Fische häufig sehr bunt gefärbt; diese Tiere verfügen über ein ausgezeichnetes Sehvermögen, das bis ins Ultraviolette hineinreicht, das für uns Menschen nicht sichtbar ist. Dafür orientieren sie sich weniger nach dem Geruch als Säugetiere.

Dunkle Pigmentierung führt dazu, dass Tiere nicht so leicht gesehen und als Beute von Fressfeinden erkannt werden können (Tarnfärbung). Viele Tarnungen machen Gebrauch von Farbmustern und Farbtönen, die sich an die Struktur und die Färbung des Untergrunds anpassen. Raupen und Laubfrösche sind oft grasgrün, der Eisbär ist schneeweiß, die Maus sandfarben. Dunkelfärbung auf dem Rücken und eine helle Unterseite findet man bei vielen Tieren, solch eine Gegenschattierung wirkt gestalt-

Der Frosch ist so grün wie das Gras, das Auge auf dem Flügel des Schmetterlings täuscht den Feind.

auflösend. Es gibt auch saisonbedingte Unterschiede in der Farbgebung und Musterung, so haben einige im Eis lebende Säugetiere nur im Winter ein weißes Fell und verschiedene Vögel sind zur Brutzeit tarnfarben, aber werden nach einer Mauser für die Saison wieder bunt.

Eine besondere Art der Tarnung sind Muster, die irreführende Signale aussenden, indem sie die Gestalt des Tiers verzerren, um nicht erkannt zu werden, wie gestaltauflösende Kontrastfärbungen. Obwohl es hier nicht um Attraktion oder Abschreckung geht, kommt es also auch hier auf die kognitive Wahrnehmung, in diesem Fall das Übersehen durch ein anderes Tier an, das diese Muster oder Farben in der Evolution selektiert hat. Es gibt erstaunliche Anpassungen in allen Stämmen des Tierreichs, bei denen Tiere eine Form annehmen, die ein anderes (nicht essbares) Objekt wie Steine, Rinde oder vertrocknete Blätter vortäuscht; dies wird als Mimese bezeichnet.

Viele Tiere sind bunt und auffallend gefärbt und diese Färbungen sind häufig das Gegenteil der Tarnfärbung – sie dienen der Abschreckung. Man nennt diese Form der Kommunikation Warnfärbung oder Aposematismus (*apo* = weg, *semat* = Signal), mit der potenziellen Fressfeinden nicht nur Präsenz, sondern auch Ungenießbarkeit oder Wehrhaftigkeit signalisiert wird. Die bekanntesten Beispiele sind grelle, rot-weiß-schwarze Ringelmuster bei Schlangen und die gelb-schwarze Streifung des Hinterleibs wie bei Bienen, Wespen und manchen Raupen. Deren Fressfeinde assoziieren ein bestimmtes Muster mit Giftigkeit oder Ungenießbarkeit (Schreckfarben). Interessant ist, dass solche Farbsignale bei mehreren Arten gleich oder sehr ähnlich sind; das erspart sozusagen das Erlernen zu vieler verschiedener Muster durch gefährliche Versuche, ist also von Vorteil sowohl für Sender als auch Empfänger.

Noch verwunderlicher ist, dass ungiftige Tiere oft den giftigen zum Verwechseln ähnlich sind und dann auch gemieden werden. Das nennt man Signalfälschung oder Mimikry. Zum Beispiel haben Schwebfliegen, die völlig harmlos sind, wie Wespen einen gelb-schwarz gestreiften Hinterleib und entgehen so dem Gefangenwerden. Das Gleiche gilt für einige ungiftige Schlangen, deren rot-schwarz-weiß gestreifte Muster dem der giftigen Korallen-

Die harmlose Schwebfliege (rechts) ahmt die Färbung des Hinterleibs der giftigen Wespe nach.

otter zum Verwechseln ähnlich sehen. Interessant ist, dass auch bei der menschlichen Kommunikation diese Farbkombinationen schwarz-gelb, oder rot-weiß bei Warnschildern oder Verkehrssignalen vorkommen. Blau-weiße Signale dagegen sollen anziehend wirken. Blau-weiß ist auch die Tracht des Putzerfischs, der im Korallenriff lebt, anderen Fischen die Parasiten abliest und mit der Farbkombination Freundlichkeit signalisiert. Es gibt auch in diesem Fall eine Form der Mimikry: Fische, die so aussehen wie der Putzerfisch, aber davon leben, ihren Opfern Stücke aus der Haut zu stanzen.

Kommunikation

Auffallende Färbungen, die besonders bei Insekten wie Schmetterlingen und auch bei Fischen und Vögeln zu sehen sind, dienen häufig dem sozialen Kontakt zwischen Individuen der gleichen Art. Daran erkennen sich die passenden Sexualpartner oder die Rivalen. Bei Tieren, die territorial leben, finden regelmäßig an den Reviergrenzen Kämpfe statt, die dazu führen, dass sich die Reviere gleichmäßig über eine geeignete Region verteilen. Das ist bei in Kolonien brütenden Vögeln so, aber auch bei Fischen wie dem dreistacheligen Stichling, bei dem die rote Kehle des männlichen Tiers wütende Angriffe des Nachbarn hervorruft. Nicht immer sind nur die Männchen die Aggressoren. Bei im wahrsten Sinne des Worts unwahrscheinlich bunten Fischen, die in Einehe im Korallenriff leben, sehen weibliche und männliche Tiere gleich aus und verteidigen gemeinsam ihr Revier; Fische mit anderen Färbungen sind ihnen dagegen völlig gleichgültig. An der Färbung wird der Artgenosse erkannt und vertrieben, der ja wegen seiner gleichen Lebensweise der stärkste Konkurrent um Nahrung und Auskommen ist. Dass sich die Gatten gegenseitig schonen, bedeutet, dass sie sich persönlich erkennen, vermutlich an bestimmten Verhaltensweisen. Ihre Kinder sind auch grell, aber anders gefärbt und werden ebenfalls verschont, solange sie noch nicht das Muster des erwachsenen Fischs angenommen haben.

Fische und Vögel, die in Kolonien oder sozialen Gruppen leben, erkennen sich an der Musterung, das sieht man sehr schön bei Zierfischen, die geordnete Scharen bilden. In sehr dicht mit vielen Arten besiedelten Gefilden ist es notwendig, den Artgenossen sicher von anderen zu unterscheiden, um erfolgreich zu brüten. Schwarmbildung hat die Funktion, der Verfolgung zu entgehen, da in einer Gruppe gleich aussehender Individuen es dem Räuber viel schwerer fällt, sich auf ein Beutetier zu konzentrieren. Die Muster und Farben, die bei Schwarmfischen der Arterkennung dienen, sind durchaus willkürlich, unterscheiden sich aber deutlich von denen nah verwandter Arten.

Sozial lebende Vögel sind besonders gut untersucht, bei ihnen finden sich viele Signalmuster, die als Auslöser für bestimmte angeborene Instinkthandlungen dienen. Die Erkennung der Partner, der Jungen durch die Eltern und der Eltern durch die Jungen beruht auf solchen Mustern. Die Jungvögel zeigen oft auffallende Färbungen und artspezifische Zeichnungen auf dem Kopf, woran sie von ihren Eltern erkannt werden. Bei Nesthockern zeigt der Rachen beim ‚Sperren' manchmal ein charakteristisches Muster, das die Eltern zu intensiverem Füttern anregt. Bei sozial lebenden Tieren werden in besonderen Ritualen, die der Begrüßung, der Revierverteidigung und der Beschwichtigung dienen, besondere Markierungen präsentiert.

Die gleichen Färbungen und Muster, die Revierkämpfe zwischen männlichen Tieren auslösen, sind für die weiblichen Tiere schön (sexuelle Attraktion). Beim Balzen werden sie von den männlichen Tieren zur Schau gestellt, oft von ritualisierten, Tänzen gleichenden Gebärden begleitet. So ist es auch beim dreistacheligen Stichling, der mit seiner roten Kehle die weiblichen Tiere zu seinem Nest lockt, die dann dort laichen. Es wurde argumentiert, dass der

Paarungserfolg nicht so sehr auf der Attraktivität von Farbintensitäten und Mustern beruht, sondern dass diese in erster Linie Stärke und Gesundheit demonstrieren. Aber dazu würden auch weniger aufwendige Muster, die zudem nicht zwischen Arten variieren müssten, genügen. Jeder kennt die auffallenden und farbenprächtigen Schmuckfedern von Paradiesvögeln, Pfauen, Fasanen, Enten und Kolibris, die früher sehr viel zum Schmuck von Damenhüten verwendet wurden. Im Balzverhalten werden diese Attribute auffallend präsentiert und locken damit die weiblichen Tiere an. In vielen Fällen ist das Flugvermögen der männlichen Tiere, die solchen Schmuck zur Schau tragen, erheblich eingeschränkt. Der flugunfähige Argusfasan, der von Darwin ausführlich beschrieben wurde, hat stark verlängerte Armschwingen, deren Federn mit einer Reihe von Augenflecken auffallend geziert sind. Diese Schwingen werden bei der Balz zu einem Rad gespreitet, das die weiblichen Tiere, die unscheinbar gefärbt sind und fliegen können, begeistert. Der bekannte Pfau ist mit den langen Schwanzfedern, aus denen er sein Rad bastelt, hinsichtlich seines Flugvermögens nicht viel besser dran.

Auch wenn andere Tiere, im Gegensatz zum Menschen, ihr Aussehen nicht künstlich verschönern, so sind dennoch einige Tiere durchaus in der Lage, artifizielle Gebilde aus allerlei Material herzustellen, die auch attraktiv wirken können, wie zum Beispiel Nester, die manchmal sehr kunstvoll sind

und vom männlichen Tier gebaut werden, um das weibliche anzulocken. Bei einer australischen Vogelgattung, den Laubenvögeln, die auch von Darwin erwähnt werden, bauen die männlichen Tiere aufwendige Schaunester aus hochgestellten Reisern, deren Eingang sie mit farbigen Objekten, die sie sammeln und dorthin tragen, schmücken. Die weiblichen Tiere finden diese Nester (und ihre Hersteller) sehr attraktiv. Merkwürdigerweise werden die Nester nicht zum Schlafen oder zur Jungenaufzucht angelegt, sondern allein zum Protzen.

Bei Vögeln mit Schaugefieder sind es die weiblichen Tiere, die die arteigenen männlichen Tiere erkennen und als Geschlechtspartner erwählen. Die Weibchen haben in der Regel eine Tarnfärbung, die hilft, beim Brüten übersehen zu werden. Es gibt aber auch sehr schöne und auffallend gefärbte Vö-

Graugans und Ganter sind gleich schön gemustert, die Kinder folgen der Mutter, der Vater führt und verteidigt die Familie, die auch durch Laute und Rufe zusammengehalten wird.

gel, bei denen beide Geschlechter gleich oder sehr ähnlich aussehen, wie der Eisvogel mit schillernd enzianblauem Gefieder oder das Rotkehlchen. Bei diesen mögen Farbunterschiede aber auch im UV-Bereich liegen, der für uns unsichtbar ist. Oder sie brüten in Höhlen, wobei eine Tarnfärbung unnötig ist. Auch bei vielen Säugetieren wie Katzen, Tigern, Leoparden und Zebras sind beide Geschlechter gleich gemustert. Offenbar ist bei diesen die Schönheit beider Geschlechter für die Attraktion entscheidend oder die Farbmuster haben andere Funktionen. Es kommt wohl auch sehr auf die sozialen Bedingungen an, unter denen die Tiere leben, wie sie sich verteidigen, wie sie ihre Partner finden und behalten. Zusätzlich zu den optischen gibt es ja auch noch akustische und olfaktorische Komponenten, die bei der Wahl des Geschlechtspartners entscheidend sind. Beim Menschen spielt Attraktivität und Schönheit wohl beim weiblichen Geschlecht eine stärkere Rolle, obwohl es bei vielen Völkern und Moden der vergangenen Zeiten auch ausgeprägtes Schmücken der Männer gibt, das hauptsächlich bei Ritualen eine große Bedeutung hat. Bei den künstlichen Attributen, die eine weibliche Erscheinung verschönern, geht es vor allem um Verstärkung von Merkmalen, die Gesundheit und Jugend signalisieren, bei Männern um Kraft und Status.

Lautsignale und Gesänge erfüllen bei einigen Arten, besonders bei Vögeln, ähnliche Funktionen der sozialen Kommunikation wie optische Reize. Rufe, die bestimmte Stimmungen signalisieren, halten Gruppen zusammen und verursachen Reaktionen im Empfänger. Solche Rufe sind nicht bewusst, das heißt der Sender beabsichtigt nicht, durch Rufe seine Kumpane umzustimmen. Sie können nicht unterdrückt werden, erfolgen also auch dann, wenn kein Empfänger da ist. An ihrem Tonfall können Artgenossen sich persönlich erkennen. Diese Rufe sind angeboren, sie sind in Grenzen durch Lernen modifizierbar. Anders steht es mit den Gesängen der Singvögel, die über einen besonderen Kehlkopf verfügen, mit dem sie eine Vielzahl von schönen Tönen und Klängen produzieren können. Diese Gesänge sind oft sehr kunstvoll aus Strophen und mit Wiederholungen komponiert. Sie sind artspezifisch, werden meistens nur von den männlichen Vögeln produziert (aber von den weiblichen verstanden) und sind angeboren oder werden in der Jugend gelernt. Erstaunlicherweise hört der Nestling den Gesang des Vaters aus vielen anderen Gesängen heraus und imitiert ihn erst viel später, wenn er selbst in Brutstimmung kommt. Vogelgesänge wirken auf männliche Rivalen abstoßend und dienen der Revierabgrenzung und -verteidigung in einer ähnlichen Weise wie die Farbmuster bei Vögeln und Fischen. Die weiblichen Artgenossen werden dagegen durch die besonders guten Sänger angelockt. Bei Vogelgesängen gibt es Ansätze einer Tradition, indem besonders beliebte erworbene Abweichungen durch Imitation an die folgenden Generationen weitergegeben werden können.

Mustererkennung

Wie oben dargelegt, haben Farbmuster wichtige Funktionen bei der sozialen Kommunikation. Um diese Funktionen zu erfüllen, müssen diese Muster sicher erkannt und dürfen keinesfalls mit anderen Signalen verwechselt werden. Das gilt genauso für Vogelgesänge. Man mag diese Form der Kommunikation über Auslöser, die visuell oder akustisch erkannt werden und Folgereaktionen hervorrufen, mit einer Sprache vergleichen, deren Vokabeln verstanden werden müssen, um zu funktionieren. Viele dieser Auslöser sind angeboren, zum Beispiel die der Erkennung der eigenen Kinder. Bei Hühnern, Enten, Gänsen verlässt die Brut nach dem Schlüpfen das Nest und wird von den Eltern geführt. Das Erkennen muss also sofort gekonnt werden, es ist keine Zeit zum Lernen. Auch hier spielen spontane Lautäußerungen eine große Rolle. Nesthocker erkennen ihre Kinder meist nicht, sondern füttern alles, was im Nest sitzt und den Rachen aufreißt; der Kuckuck ist bekannter Nutznießer dieses Verhaltens. Das Erkennen der Eltern durch die Kinder wird bei einigen Vogelarten, die ihre Kinder führen, in einem merkwürdigen Prozess, der Prägung genannt wird, erworben. Bei diesem Vorgang wird das Bild des Tiers, das der frisch geschlüpfte Vogel in einem kurzen Zeitraum am ersten Tag sieht, so in sein Gedächtnis geprägt, dass er es nicht mehr vergessen kann und fortan dieses Tier und kein anderes als Elterntier erkennt. Verstreicht der Zeitpunkt, so kann dieses Wissen nicht mehr erworben werden. Wie Konrad Lorenz gezeigt hat, unterscheidet sich der Prägungsprozess deutlich vom gewöhnlichen Lernen, das nicht an ein bestimmtes Entwicklungsstadium gekoppelt ist und dessen Inhalte auch wieder vergessen werden können. Es ist plausibel, dass unter normalen Umständen die Prägung sauber funktioniert und keine Verwechslungen vorkommen, da das frisch geschlüpfte Küken die Eltern als Erstes sieht und dann weiß, welcher Art es ist. Auch bei Fischen gibt es den Prozess der Prägung, wodurch sie ihre Artgenossen, mit denen sie gemeinsam aufwachsen, im Schwarm erkennen, aber wohl nicht bei Säugetieren. Es gibt viele Beispiele des erlernten Erkennens von Artgenossen in anderen sozialen Zusammenhängen, etwa die Geschwister, die Schar- oder Flugkumpane.

Das Erkennen von gefährlichen oder giftigen Tieren an ihrem Aussehen kann angeboren sein oder auch durch schlechte Erfahrung mit der ungenießbaren Beute erlernt werden. Tierkinder können durch schreckhafte Lautsignale der Eltern auf das gefährliche Objekt, zum Beispiel eine Schlange, aufmerksam gemacht werden. Dieses Lernen erfolgt assoziativ und automatisch, die Lautäußerungen geschehen unbewusst und sind nicht unterdrückbar.

Wie steht es nun mit dem Erkennungsvermögen des Schönen bei den anderen Tieren? Haben sie ein ästhetisches Empfinden? Ohne Zweifel rufen manche ästhetische Merkmale Gefallen hervor – „aesthetically pleasing"; aber das gilt eigentlich nur für die weiblichen Tiere, die durch das Schaugefieder oder den Gesang der männlichen Tiere in große Aufregung geraten. Durch die gleichen ästhetischen Signale werden die männlichen Artgenossen in die Flucht getrieben oder zum Kämpfen aufgestachelt. Auch ist Attraktivität bei jedem Tier ganz auf die arteigenen Signale beschränkt, andere für uns genauso oder gar schöner aussehende Muster sind völlig gleichgültig, wenn sie keine deutliche Ähnlichkeit mit dem arteigenen Signal besitzen. Die Muster werden nur von Artgenossen, nicht jedoch von anderen Tieren als attraktiv bewertet. Zwischen Individuen nah verwandter Arten kann es zu Verwechslungen kommen, besonders dann, wenn kein Artgenosse zur Verfügung steht. Jede Art hat ihren eigenen Wahrnehmungsraum und eigene Verhaltensweisen, auf visuelle und akustische Signale zu reagieren. Es ist wichtig, sich vor Augen zu führen, dass wir oft geneigt sind, andere Tiere zu ‚vermenschlichen', indem wir ihnen unseren eigenen Wahrnehmungsraum zuschreiben. Ein allgemeines ästhetisches Empfinden ist wohl dem Menschen eigen, der sich auch an Objekten erfreut, die keine Funktion in einem sozialen Kontext haben, auch abiotischen wie Landschaft und Sonnenuntergang. Für den Menschen erscheinen die verschiedensten Muster schön, auch jene, die bei anderen Tieren Abscheu hervorrufen wie die Signale des Aposematismus. Er moduliert und ergänzt mit künstlichen Attributen seine ererbten „standards of beauty", die kulturgebunden als Moden durch Tradition, also Lernen, an die nächsten Generationen weitergegeben werden.

Teil 2: Die Entstehung von Farben und Mustern

There is grandeur in this view of life, with its several powers, having been originally breathed into a few forms or into one; and that, (…) from so simple a beginning endless forms most beautiful and most wonderful have been, and are being, evolved.

Charles Darwin,
On the Origin of Species, 1859

Farben

Erstaunlich ähnlich der menschlichen Kunst sind die physikalischen Methoden, mit denen Tiere Farben, Textur und Glanz herstellen, die ihr Äußeres zieren. Farben werden auf zwei prinzipiell unterschiedliche Weisen erzeugt: einerseits durch Pigmente, also farbige chemische Verbindungen, die einen Teil des Lichtspektrums absorbieren, und andererseits durch feinste Strukturen, die mit dem Licht interferieren. Diese Nanostrukturen sind an sich farblos, aber sie verändern die Farbigkeit der Pigmente. Sie erzeugen auch Glanz und Schimmer.

Bei Tieren sind Pigmente organische Verbindungen, die Licht bestimmter Wellenlängen absorbieren, sodass nur ein Teil des Farbspektrums das Auge des Betrachters erreicht. Sehr weit im Tierreich verbreitet ist der dunkle Farbstoff Melanin, der Licht über das gesamte Farbspektrum absorbiert und daher im Extremfall schwarz erscheint. Melanin ist für die Dunkelfärbung von Tieren verantwortlich; es ist das einzige Pigment, das Säugetiere produzieren können. Es ist der Farbstoff, der beim Menschen Haare und Haut schwärzt oder bräunt; er kommt auch in helleren Ausführungen vor, die zu rötlichen oder gelben Tönen führt. Melanine sind Polymere, die aus der chemischen Veränderung der aromatischen Aminosäure Tyrosin hervorgehen. Melanine werden in den Pigmentzellen in Farbvesikeln, den Melanosomen, hergestellt und gespeichert. Es gibt zwei Formen von Melanin: das schwarze Eumelanin und das rötliche Phäomelanin, deren Mengenverhältnisse variieren können. Ihre Synthese, Speicherung und Transport innerhalb von Zellen und aus Zellen heraus sind kompliziert; viele Gene sind daran beteiligt. Farbvarianten, die bei vielen Haustieren durch Auslese gezüchtet wurden, beruhen auf Mutationen in solchen Genen. Die meisten Menschen haben schwarze Haare und mehr oder weniger dunkle Haut, erzeugt durch eine Mischung aus Eu- und Phäomelanin. Rote Haare entstehen, wenn kein Eumelanin, sondern nur Phäomelanin produziert wird; auf einer Mutation im gleichen Gen beruht auch die Fuchsfarbe des Pferds und des Irish Setters. Wird nur das dunkle Eumelanin produziert, entstehen rein schwarze, sogenannte melanistische Varianten, beispielsweise die schwarze Variante des Leoparden, der Panther, oder des Pferds, der Rappe. Hingegen beruht die helle Haut- und Haarfarbe von Europäern auf einer enzymatisch bedingten Verringerung der Melaninproduktion, während die aufgehellte Hautfarbe der dunkelhaarigen Europäer und Asiaten durch eine verminderte Speicherung in den Farbvesikeln verursacht wird. Können Pigmentzellen aufgrund einer genetischen Veränderung keine Melanine bilden, spricht man von Albinismus; dabei ist auch die Sehfähigkeit eingeschränkt, da die abschirmende Melaninschicht in der Netzhaut fehlt. Die Farbe der Augen wird durch die Pigmentierung der Netzhaut, Retina, und der Regenbogenhaut, Iris, bestimmt. Die Retina im Augenhintergrund enthält die lichtempfindlichen Sinneszellen auf einer Schicht von schwarzen Pigmentzellen. Dadurch werden die von hinten auf das Auge treffenden Strahlen abgeschirmt. Die Iris wirkt wie eine Blende, die ebenfalls durch Pigmentzellen gefärbt ist, sodass Licht nur durch die Pupille auf die Retina treffen kann. Ist die Iris kaum oder wenig gefärbt, erscheint die durch

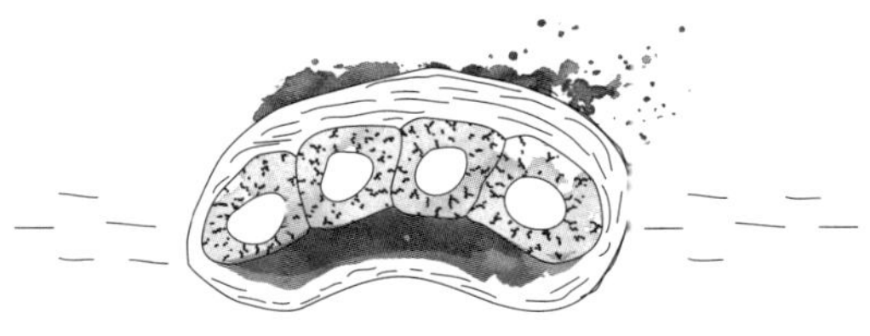

Luftgefüllte Kästchenzellen über der dunklen Pigmentschicht lassen den Federast blau erscheinen.

den Glaskörper durchscheinende schwarze Retina blau, dunklere Pigmentierung der Zellen der Iris erzeugt grüne oder braune Farbtöne. Die Augenfarbe kann sich im Lauf der jugendlichen Entwicklung ändern; so sind Katzenaugen zunächst blau, färben sich aber nach wenigen Wochen dunkel. Interessant ist, dass die Farbigkeit von Augen, Haut und Haaren unterschiedlich reguliert wird.

Auch Vögel produzieren im Wesentlichen nur Melanine selbst (in schwarzen, rötlichen und braunen Tönen); ihre Rot- und Gelbfärbung gewinnen sie hauptsächlich aus der Nahrung in Form von pflanzlichen Farbstoffen, meist Karotinoiden. Fehlen Karotinoide im Futter, so wird der Flamingo nicht rosa! Dennoch sind Vögel häufig sehr bunt: Die Farben können durch besondere Strukturen in den Federn stark abgewandelt werden. Luftgefüllte

Hohlräume lassen Strukturen weiß erscheinen, da Licht aller Wellenlängen gestreut wird; über schwarzem Melanin erzeugen sie blaue Farbtöne. Blaue und grüne Farbtöne entstehen auch durch melaninüberlagernde Strukturen, die Licht in bestimmten Winkeln reflektieren. Innerhalb von Zellen gebildete Nanostrukturen aus dünnen Plättchen interferieren mit Licht und erzeugen so Schillerfarben oder, über schwarzem Pigment ausgebreitet, blaue Farbtöne. Durch eine zusätzliche, übergelagerte gelbe Farbschicht entstehen grüne Farbtöne.

Bei Insekten, Reptilien und Fischen werden Gelb- und Rotfärbung durch blaues und grünes Licht absorbierende Pigmente verursacht, die chemisch vor allem zur Klasse der Pteridine (zuerst aus Schmetterlingsflügeln = *pteros* isoliert) gehören. Weiße Flecken bei manchen Schmetterlingen entstehen aus einem ähnlichen Farbstoff: Leukopterin. Zusätzlich werden auch pflanzliche fettähnliche Farbstoffe wie Karotin oder Lutein aus dem Futter zum Färben verwendet. Blaue Farbtöne werden fast ausschließlich durch Nanostrukturen in Kombination mit Melanin erzeugt, nicht etwa durch blaue Pigmente, die man von Pflanzen kennt. Tiere können also viel weniger Pigmente selbst herstellen als Pflanzen. Fische und Reptilien produzieren generell eine größere Zahl an verschiedenen Farbstoffen als Vögel und Säugetiere; auch bei ihnen führen Kombinationen von Farbstoffen und Strukturen zu einem sehr reichen Farbspektrum.

Eine interessante Erweiterung des Farbspektrums bei manchen Säugetieren und Vögeln besteht darin, dass nackte Hautregionen bei starker Durchblutung rötlich erscheinen, zum Beispiel die Lippen oder der Hahnenkamm. Der rote Blutfarbstoff Hämoglobin, der eigentlich dem Sauerstofftransport dient, wird zur Färbung markanter Stellen sozusagen zweckentfremdet. Die bei Säugetieren sehr seltene blaue Färbung, zum Beispiel im Gesicht des Mandrills, wird durch Lichtbrechung an besonders angeordneten Kollagenbündeln über einer Melaninschicht in der Haut erzeugt.

Die Haut

Für unsere Betrachtungen der Tierfärbungen ist wichtig, wie das Äußere von Tieren gestaltet ist, wie ihre Körperbedeckung zusammengesetzt und aufgebaut und wie die Haut strukturiert und geschützt ist. Tiere sind nach sehr unterschiedlichen Bauplänen aufgebaut, die im Laufe der Evolution entstanden.

Die großen Tierstämme der sich häutenden Ecdysozoen (*ecdysis* = Häutung), dazu gehören die Gliederfüßer, und der sich nicht häutenden Tiere, dazu gehören die Wirbeltiere, haben sich sehr früh in der Evolution voneinander getrennt. Ihre Baupläne sind entsprechend sehr verschieden (siehe Abb. S. 21).

Die Gliederfüßer (Arthropoden), zu denen Tausendfüßer, Insekten, Spinnen und Krebse gehören, besitzen ein Außenskelett, das wie ein Panzer den Körper umgibt. Dieser Panzer besteht aus Kutikula (*cutis* = Haut), die Chitin enthält, ein der pflanzlichen Stärke und Zellulose ähnliches Molekül. Chitin bildet Fasern, die durch Vernetzung mit verschiedenen Proteinen sehr feste und elastische Strukturen entstehen lassen, die den Tierkörper nach außen hin abgrenzen und ihm seine Form geben. Aufgrund dieser Festigkeit wächst die Kutikula nicht mit dem Körper mit: Gliedertiere müssen daher regelmäßig nach jedem Wachstumsstadium aus ihrer Kutikula schlüpfen – sie häuten sich.

Die dichte und harte Kutikula, die von den Hautzellen gebildet wird, bietet einen ausgezeichneten Schutz vor Verletzungen, Austrocknung und Infektionen. Das Chitin als Baustoff der Kutikula erlaubt die Ausbildung einer außerordentlich großen Vielfalt von Strukturen wie Runzeln, Schuppen, Zähnchen, Stacheln und Härchen, die wir bei Insekten, Spinnen, Tausendfüßern und Krebsen beobachten.

Auch Pigmente werden von den Hautzellen gebildet und in die Kutikula ausgeschieden. Die

Gliederfüßer haben ein Außenskelett aus Chitin und wachsen durch Häutung, bei Wirbeltieren erlaubt das starke Knochenskelett und eine flexible Haut kontinuierliches Wachstum bis zu enormen Größen.

Farbigkeit des Insektenkörpers beruht also auf der Färbung des Außenskeletts. Dünne Schichten des Chitins in der Kutikula überlagern pigmentierte Schichten und erzeugen so unterschiedliche Farbtöne. Oft folgen die Farben anatomischen Strukturen, beispielsweise Flügeladern. Auch die Textur der Oberfläche kann zu besonderen Farbeffekten führen, wie die winzigen unterschiedlich gefärbten Schuppen, die aus einzelnen Hautzellen entstehen und auf den Flügeln der Schmetterlinge mosaikartige Farbmuster von samtartiger Beschaffenheit hervorbringen. Die Flügel sind eigentlich große Hautfalten mit einer Ober- und einer Unterseite, die auf der Oberseite wunderschön gefärbt sein können und auf der Unterseite, die bei zusammengefalteten Flügeln zutage tritt, häufig tarnfarben sind. Bei Käfern ist der Panzer des Mittelleibs, des Thorax, und des vorderen Deckflügelpaars häufig lebhaft gefärbt, während das hintere Flügelpaar – mit dem der Käfer tatsächlich fliegt – farblos ist. Bienen und Wespen zeigen, bei farblosen Flügeln, Warnfärbungen durch Streifen am Hinterleib, dem Abdomen. Auffallende Färbungen findet man bei vielen Insektenaugen, die als Komplexaugen aus zahlreichen Einzelaugen zusammengesetzt sind. Leuchtkäfer senden an Hinterleibsegmenten Pulse von sehr hellem Licht aus, das durch die enzymatische Oxidation eines recht komplizierten organischen Moleküls entsteht.

Bei Wirbeltieren wie Fischen, Amphibien, Reptilien, Vögeln und Säugern ist die Situation vollkommen anders. Hier wird der Körper durch ein Innenskelett aus Knorpel und Knochen gestützt, während die Haut weich und flexibel ist und dem Wachsen des Körpers nachgeben kann. Mechanischen Schutz bieten Spezialisierungen der Haut wie Schuppen, Federn und Haare, die nicht, wie in der Kutikula, starr miteinander verbunden, sondern durch dehnbare oder bewegliche Zwischenräume voneinander getrennt sind. Wirbeltiere wachsen kontinuierlich. Obwohl es bei wasserlebenden Arten auch juvenile Stadien gibt, die sich deutlich von den adulten Formen unterscheiden, sind die Verwandlungsschritte relativ geringfügig.

Im Gegensatz zu den Insekten ist die Haut der Wirbeltiere flexibel und wächst mit dem Körper. Eine vielzellige dichte Oberhaut bedeckt das Bin-

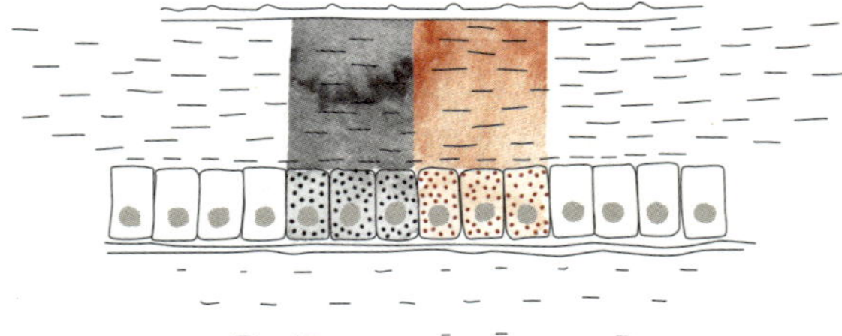

Bei Insekten entsteht die Farbe in den Hautzellen und wird nach außen in den Chitinpanzer abgegeben.

degewebe der Unterhaut, getrennt durch eine sogenannte Basalmembran. Die Zellen der Oberhaut produzieren Keratine, sehr widerstandsfähige Proteine, die Fasern bilden und mehr oder weniger stark miteinander vernetzt sind, wodurch sie verschiedene Texturen annehmen können. Keratine können sehr harte und kompakte Strukturen bilden, zum Beispiel die Hornsubstanz, aus der Hörner, Klauen, Nägel, Hufe bestehen, aber auch zarte, dünne und lange Gebilde wie Haare und Federn. Die Oberhautzellen werden ständig erneuert, indem an der Basalmembran aus Stammzellen neue Zellen entstehen und die äußeren alten absterben und als Hautschuppen außen abgeschilfert werden. In der Unterhaut bewirken starke und elastische Fasern aus Kollagen eine gewisse formgebende Stütze. Kollagene sind Proteine aus drei umeinander gewundenen Ketten

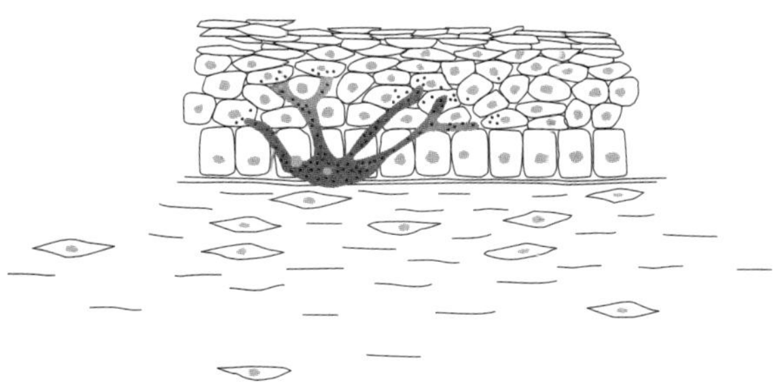

Die Haut der Wirbeltiere ist mehrschichtig und wird durch besondere Pigmentzellen gefärbt.

von hoher Zugfestigkeit, die durch Quervernetzungen eine extrazelluläre Matrix bilden, die sich der Form des Tiers fügt.

Da die Haut weich und nachgiebig ist, wird der Körper vieler Wirbeltiere durch besondere Hautstrukturen geschützt. Bei Fischen sind dies die Schuppen, dünne Knochenplättchen, die aus Hautverdickungen, den sogenannten Plakoden, in der Unterhaut entstehen und mit einer dünnen Oberhaut bedeckt sind. Bei Schlangen, Eidechsen und auf den Beinen und Füßen mancher Vögel ist es die Oberhaut, die Hornschuppen bildet: feste Gebilde aus dem Keratin abgestorbener Hautzellen, die gelenkartig mit dünneren Häutchen beweglich verbunden sind. Diese Schuppen wachsen nicht mit der Haut mit, sodass sich Schlangen im Laufe ihres Lebens mehrmals häuten, wobei die Schlange die äußere abgestorbene Hautschicht abstreift. Die Hautzellen haben inzwischen bereits neue, größere Schuppen gebildet. Diese Situation ist der des wachsenden Insekts, das aus seiner Kutikula schlüpft, ähnlich. Amphibien wie Frösche und Molche, die in einer feuchten Umgebung leben, haben eine relativ dünne Haut, die mit schleimigen Schichten bedeckt ist, um Austrocknung zu verhindern. Schuppen von Schlangen und Fischen sind in der Regel durchsichtig; die Farbigkeit bei Fischen, Amphibien und Reptilien wird durch Pigmentzellen erzeugt, die in der Unterhaut in Schichten angeordnet sind.

Bei Säugetieren und Vögeln, deren Körpertemperatur konstant warm gehalten wird, bildet die Haut besondere wärmeisolierende Organe: Haare und Federn. Diese Strukturen dienen vielen Funktionen. Sie regeln die Körpertemperatur, sie schützen die Haut vor dem Angriff von Wanzen, Läusen, Flöhen und Zecken, sie lassen das Wasser ablaufen, und sie sind häufig sehr schön gefärbt.

Haare und Federn sind Strukturen der Oberhaut. Sie sind, wie die Schuppen der Reptilien, aus der Hornsubstanz Keratin aufgebaut. Auch anorganische Verbindungen können in der Hornsubstanz eingelagert sein. Ebenso wie Schuppen entwickeln sich Haare und Federn aus Plakoden. Diese Oberhautverdichtungen stülpen sich ein und bilden an der Basis eine Papille aus Hornzellen, die sich teilen und Keratin produzieren. Das entstehende Haar

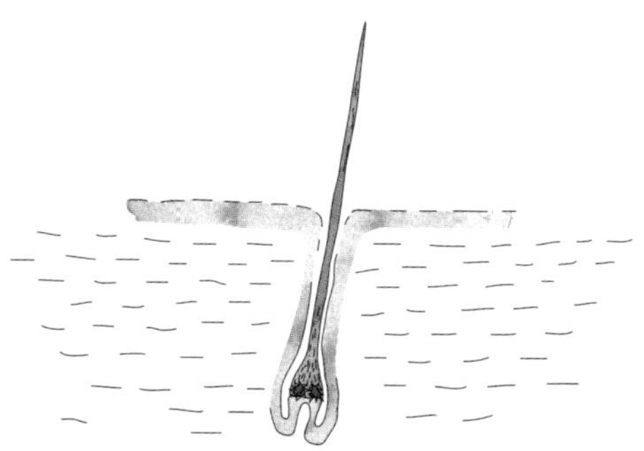

Das Melanin-gefärbte Haar wächst an der Basis in einer Oberhautpapille, die fest in der Unterhaut verankert ist.

besteht aus dem Keratin abgestorbener Hornzellen und wird als dünnes hohles Rohr ausgeschoben. Modifikationen in der Struktur und Vernetzung des Keratins führen zu verschiedener Haartextur: derb oder fein, kraus oder glatt. Der Farbstoff Melanin wird in Pigmentzellen, den Melanozyten, die die Hornzellen in der Papille umgeben, hergestellt und in das sich bildende Haar eingelagert. Blonde, graue oder weiße Haare enthalten wenig oder keinen Farbstoff, stattdessen werden Luftbläschen eingelagert, wodurch Licht gestreut wird und das Haar hell erscheint. Bei Pferden sind die Schimmel in der Jugend häufig dunkel gefärbt, und erst später entstehen die weißen Haare durch vorzeitiges Absterben der Melanozyten. Bei manchen Tieren sind Teile der Haare verschieden gefärbt – zum Beispiel die Spitzen hell, die Basis dunkel.

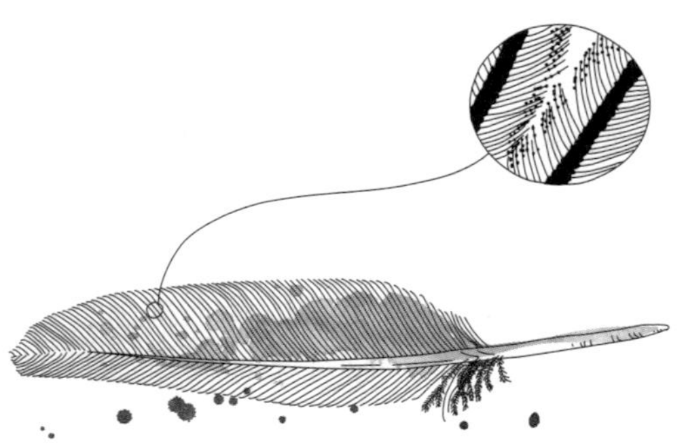

Fahnen von Deckfedern bestehen aus parallelen Ästen, die durch Hakenstrahlen vernetzt sind.

Federn sind verzweigte Hornstrukturen mit einem Schaft und Seitenästen. Sie werden wie Haare in der Oberhaut gebildet. Federn nehmen je nach Funktion und Lage auf dem Körper des Vogels verschiedenste Gestalten an und gehören zu den erstaunlichsten Gebilden, die die Natur hervorbringt. Die oberen Federn, die Konturfedern, bilden die Körperdecke des Vogels, während die darunterliegenden Daunen der Wärmedämmung dienen. Die Konturfedern bestehen aus einem langen Federkiel, von dem seitlich die Federäste abzweigen, die durch Haken vernetzt sind und elastische dehnbare Flächen, die Federfahnen, bilden. Bei den Deckfedern, zum Beispiel im Flügel, sind die beiden Fahnen häufig unterschiedlich breit: schmale Deckfahne und breite Innenfahne. Bei gefaltetem Gefieder ist nur die Deckfahne sichtbar. Bei Daunen sind die

Die Ästchen sind bei wärmedämmenden Daunen und besonderen Schmuckfedern nicht vernetzt.

Federäste nicht verhakt, sodass keine Federfahne entsteht, dafür jedoch ein Büschel feiner Ästchen.

Die Federn werden in Federbälgen gebildet, das sind rundliche Einsenkungen der Oberhaut, die mit Adern und Nerven versorgt werden. In diesen steckt eine Papille, deren Hautzellen das Keratin herstellen, aus dem Schaft und Verästelungen der entstehenden Feder gemacht sind. Die Feder wächst an der Basis und wird allmählich aus der Papille nach außen geschoben. Erst wenn sie fertig ist, hört die Versorgung mit Adern und Nerven auf; die Feder ist nun als lebloses Gebilde in der Federscheide in der Haut verankert. Der außerordentliche Formenreichtum der Schmuckfedern bei Paradiesvögeln, Pfau, Strauß und Kolibri kommt durch vielfältige Variationen der Federfahnenkonstruktion zustande.

Nur der sichtbare Bereich der Deckfahnen zeigt die schöne blaue Streifung im Eichelhäherflügel.

Wie die Haare werden auch Federn gefärbt, indem in der Federpapille Farbstoffe wie das dunkle Melanin oder rötliche Karotinoide an die wachsende Feder abgegeben werden. In den Federfahnen gebildete feinste luftgefüllte Hohlräume oder Nanostrukturen, die über der dunkel gefärbten Schicht ausgebreitet sind, können durch Lichtstreuung die Farben der Pigmente verändern. Im Gefieder des Vogels liegen die Federn dachziegelartig übereinander, und es ist ganz erstaunlich, dass nur die sichtbaren Teile der Federn gefärbt sind und mit den Nachbarfedern gemeinsam ein Muster bilden, das bei gefaltetem Gefieder erscheint, als sei es draufgemalt. Es ist durchaus rätselhaft wie diese wunderbar integrierten Muster zustande kommen, jede Feder wird ja getrennt von der Nachbarfeder gebildet. Manchmal, etwa bei Enten, sind nach der Mauser die Spitzen der Federn kaum gefärbt, und die schönen Farben entstehen erst, wenn nach einer Weile des Tragens diese Regionen abgenutzt sind, denn das Melanin macht die Federn haltbarer.

Sowohl Haare als auch Federn halten nicht ein Leben lang, sondern werden entweder ständig oder schubweise (Haarwechsel, Mauser) erneuert. In den behaarten oder befiederten Körperdecken steckt die Farbe in diesen Strukturen; abgesehen von nackten Hautbereichen wie Nase und Fußsohlen ist die Haut selbst in der Regel nicht gefärbt. Eine Ausnahme ist der Eisbär, der unter weißen Haaren eine schwarze Haut hat.

Musterbildung

Wie kommen nun aber die wunderschönen Muster zustande? Wie werden Körper gefärbt; wie entsteht eine räumliche Aufteilung der Körperbedeckung in unterschiedlich gefärbte Bereiche? Aus undifferenziertem Gewebe entstehen Farbmuster von erstaunlicher Komplexität auf scheinbar mysteriöse Weise.

Eigentlich besteht das Problem darin zu erklären, wie Form aus Gleichheit entsteht; wie sich also Muster in anfänglich homogenen Zellverbänden herausbilden.

Bei Tieren ist die Embryonalentwicklung im Ei die erste Form der Musterbildung in der Ontogenese, und wie das geschieht, hat Biologen seit Jahrhunderten fasziniert. Die Eizelle ist ein homogen scheinendes Zytoplasmaklümpchen, das in keiner Weise dem entstehenden Tier ähnlich sieht. Daraus entsteht ein Individuum, bei dem vorhersehbar alle Organe und differenzierten Gewebe am richtigen Platz sind. Bereits zu Beginn des 20. Jahrhunderts wurde erkannt, dass während der embryonalen Entwicklung die Formen zunehmend komplexer werden; die stofflichen Grundlagen der Musterbildung blieben jedoch lange Zeit völlig rätselhaft. Versuche, gestaltbildende Faktoren zu isolieren, waren erfolglos, sodass sich als Ersatz Modelle als zwar nicht bewiesene, aber doch plausible Erklärungen anboten. Nach einer solchen Vorstellung wurde angenommen, dass ein Mosaik aus stofflichen Vorboten der späteren räumlichen Anordnung zukünftiger Körperbestandteile die Gestaltentwicklung des Tiers bewirkt. „Determinanten" wurden postuliert, die im Ei an bestimmten Stellen lokalisieren und dort die Bildung von Organen und Strukturen bestimmen. Damit ist allerdings nicht erklärt, wie die „Determinanten" dort hinkommen, wo die Strukturen gebildet werden sollen. Der theoretische Bio-

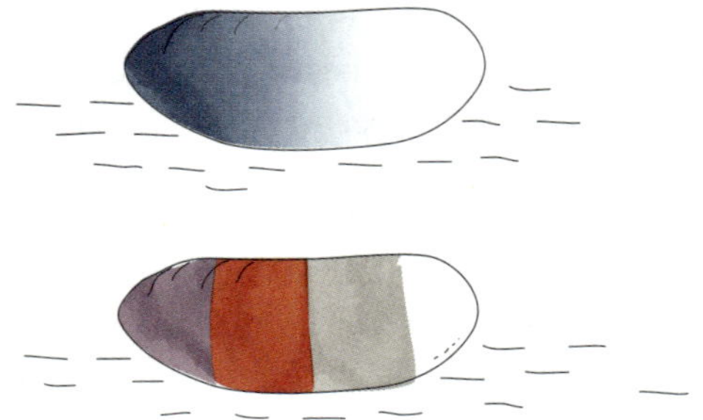

Das Morphogen ist in der Eizelle der Fliege gradiert verteilt. Lokale Konzentrationen bewirken verschiedene Zustände.

loge Lewis Wolpert schlug 1969 das Konzept der Positionsinformation vor: Allmähliche Konzentrationsänderungen von Substanzen im biologischen Feld, sogenannte Gradienten, bestimmen Positionen, also räumliche Koordinaten. Hohe Konzentrationen bestimmen zum Beispiel, wo der vordere Bereich (Kopfregion) eines Organismus angelegt wird, und niedrige Konzentrationen bestimmen die Position weiter hinten gelegener Bereiche. Verschiedene Konzentrationsbereiche eines solchen Morphogens bewirken also unterschiedliche Zustände, wodurch eine Zunahme der Komplexität, beispielsweise während der Embryonalentwicklung, aber auch bei der Bildung von Farbmustern erklärt werden könnte.

Zu dieser Zeit waren jedoch die molekularen Grundlagen noch nicht zu lösen, weshalb solche Gradientenmodelle unter Biologen unbeliebt waren. „An outsider to embryology has the impression that in recent years gradients have become a dirty word. This is partly because of the failure to isolate unambiguously the molecules involved whose concentration is presumed to constitute the gradient" (Francis Crick, 1970). Da hatten es die Theoretiker leichter, die einfach als Morphogene Moleküle mit besonderen gestaltbildenden Eigenschaften postulierten und berechneten, dass durch bestimmte negative und positive Wechselwirkungen zwischen solchen Molekülen erstaunlich regelmäßige und stabile Muster gebildet werden können. Ein Pionier auf diesem Gebiet war der Mathematiker Alan Turing, einer der Wegbereiter von Computern und Informatik. Er entwarf bereits 1951 ein einfaches Modell eines Morphogens, das sich durch Diffusion ausbreitet und dessen lokale Konzentration durch einen ebenfalls diffundierenden Inhibitor gesteuert wird. Unter bestimmten Bedingungen kann aus einer Gleichverteilung in einem zweidimensionalen Feld eine musterartige Verteilung von Punkten oder Streifen entstehen. Dieses Turing-Modell war aber noch zu einfach, um realistische Situationen zu erklären. Die mathematische Theorie der biologischen Musterbildung von Alfred Gierer und Hans Meinhardt (1972) kann das entschieden besser. Sie beruht ebenfalls auf der Wechselwirkung von zwei gestaltbildenden Substanzen, einem „Aktivator" (Morphogen) und einem „Inhibitor". Der Aktivator verstärkt sich selbst (das nennt man Autokatalyse) und hat eine kurze Reichweite, der Inhibitor dagegen breitet sich weiter aus und hemmt den Aktivator (das ist laterale Inhibition). Dieses Modell macht zunächst keine Aussagen über die infrage kommenden Moleküle oder über die Art der Verbreitung; es könnte sich um einfache Diffusion handeln, aber auch beispielsweise um den Transport entlang von Zellfortsätzen. Durch Änderung der Parameter der Wechselwirkungen zwischen Aktivator und Inhibitor lässt sich das Entstehen erstaunlich vieler biologischer Muster mit dem Computer simulieren. Allerdings besteht bei diesen Modellen das Problem, dass bis heute die als Morphogen/Aktivator oder Inhibitor wirkenden Moleküle in den meisten Fällen nicht identifiziert werden konnten. Dennoch sind solche mathematischen Modelle auf dem Gebiet der Musterbildung immer noch attraktiv, denn sie sind sehr flexibel und können alles simulieren, auch dort, wo man nichts weiß, wie bei der Entstehung der Streifen des Tigers und der Tupfen auf der Vogelfeder.

In Meinhardts Modellen entstehen stabile Gradienten und Muster durch Selbstorganisation aus einer zunächst fast gleichförmigen Verteilung. Er erklärt damit sehr elegant die verblüffenden geometrischen Muster auf Kegelschnecken, die möglicherweise gar keine Funktion haben, sondern durch die Art und Weise, wie diese Gehäuse am vorderen Rand wachsen, gewissermaßen von selbst Muster bilden. Von selbst und ohne ästhetische Funktion entsteht ja auch das für uns sehr schöne Perlmutt im unsichtbaren Innern von Muschelschalen. Reine Selbstorganisation ist allerdings in den wenigsten biologischen Systemen verwirklicht, meist bestehen von Anfang an deutliche Ungleichverteilungen – Muster bauen in der Regel auf bereits vorhandenen Mustern, sogenannten Vormustern, auf. Das wurde im Falle der Taufliege *Drosophila* durch systematische genetische Analysen aufgeklärt, die zur Identifizierung der morphogenkodierenden Gene führten.

Dabei stellte sich heraus, dass das Ei von der Mutterfliege entscheidende Vormuster in Form von lokalisierten Signalen erhält, von denen aus sich Morphogengradienten in das Eiinnere ausbreiten. Diese sind am Vorder- und Hinterpol sowie auf der Bauchseite verankert. Das Morphogen Bicoid, das wesentlich für die Kopfbildung zuständig ist, wurde in meinem Labor 1988 entdeckt. Das lokalisierte Signal, das als Quelle für den Gradienten dient, ist die für das Bicoid-Protein kodierende messenger-RNA, die während der Entstehung des Eis in der Fliege am Vorderpol verankert wird. Das Bicoid-Protein wird dort synthetisiert und breitet sich nach hinten aus, denn im Fliegenei gibt es zunächst keine trennenden Zellwände. Bei hohen Konzentrationen entsteht der Kopf, bei mittleren der Thorax und bei niedrigen Konzentrationen das Abdomen des Fliegenembryos. Das Bicoid-Protein steuert als Transkriptionsfaktor die Aktivität nachgeschalteter

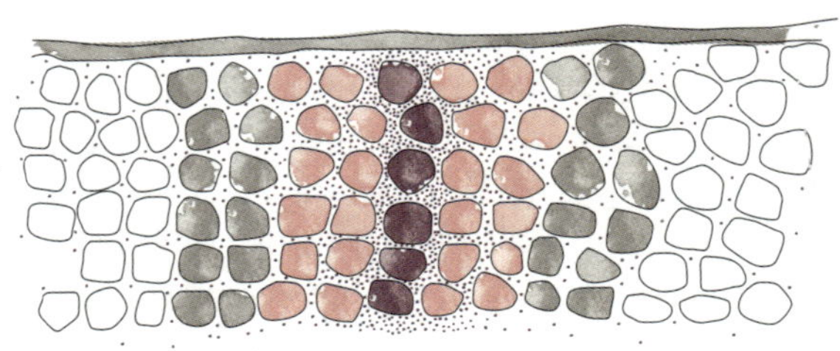

In Zellverbänden breitet sich das Morphogen, das lokal gebildet wird, zwischen den Zellen aus.

Gene. Bicoid ist das erste Morphogen, für das gezeigt wurde, dass tatsächlich verschiedene Konzentrationen einer Substanz unterschiedliche Strukturen induzieren.

Im Fliegenei gibt es noch drei weitere vorn-hinten-orientierte Gradienten sowie einen, der die Organbildung entlang der Bauch-Rücken-Achse steuert. Es ist interessant, dass zur Bildung von Gradienten im Fliegenei weder Autokatalyse noch laterale Inhibition beitragen. In jedem dieser Gradienten ist die molekulare Natur der Morphogene sowie der Mechanismus ihrer Ausbreitung und ihrer Übersetzung in räumliche Strukturen verschieden; es gibt also keine besondere Molekülklasse der Morphogene und auch keine einheitliche Wirkungsweise. In zellulären Geweben wie der Haut der Gliederfüßer und den inneren Organen wirken Gradienten von Proteinen, die sich im Außenraum zwischen Zellen ausgehend von einer Quellregion ausbreiten und in bestimmten Abständen durch ihre lokale Konzentration spezifische Antworten der Zellen hervorrufen. In diesen zellulären Systemen sind die Morphogene Proteine, die sich an Rezeptorproteine in den Zellmembranen binden, wodurch der Reiz ins Innere der Zelle weitergereicht wird. Auf diese Weise entstehen zum Beispiel die Farbmuster im Insektenflügel. Diese Musterungen schließen sich bereits vorhandenen Strukturen wie Flügeladern oder Segmentgrenzen an, die als Vormuster wirken. Diese Vormuster bieten stoffliche Grundlagen zur Herstellung von Pigmenten oder Strukturen, die an diesen Orten oder in ihrer Reichweite erzeugt werden. Das sind Beispiele, wie Muster gebildet werden können, aber es ist offenbar, dass es viele andere Möglichkeiten gibt. Insbesondere die Entstehung von Farbmustern der Wirbeltiere ist längst nicht vollständig verstanden. Denn hier werden die Muster durch Pigmentzellen erzeugt, die aus großen Distanzen in die Haut einwandern und sich dort mosaikartig zu den erstaunlichsten Bildern anordnen, für die der Körper des Tieres keine oder kaum Anhaltspunkte bietet.

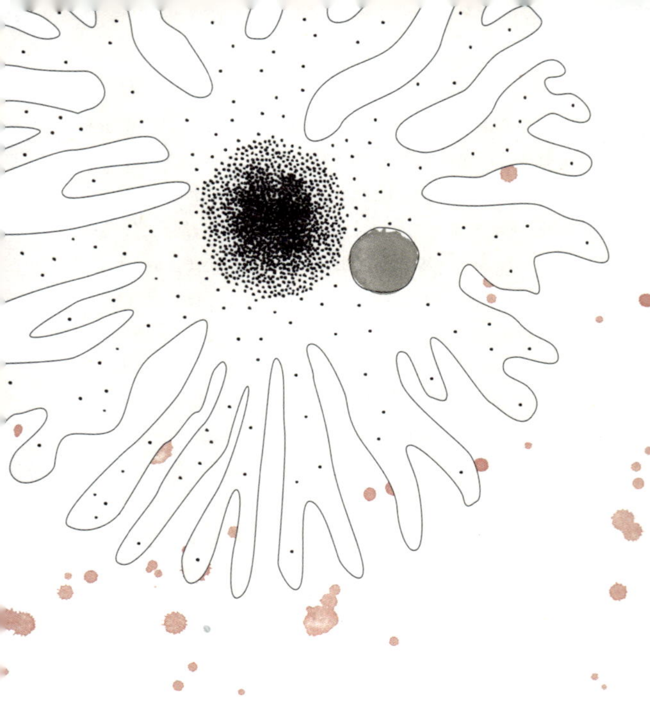

Pigmentzellen

Prinzipiell gibt es also zwei verschiedene Wege zur Färbung der Tiere: Entweder ist die Haut selbst gefärbt oder besondere farbige Zellen, die Pigmentzellen, verteilen sich in der Haut. Der erste Fall ist, wie wir gesehen haben, bei Arthropoden, zum Beispiel Insekten, verwirklicht, die die Farben in den

Hautzellen produzieren und in die extrazelluläre Kutikula abgeben. Im zweiten Fall, bei Wirbeltieren, sind die Pigmentzellen in der Unterhaut über der Muskulatur angeordnet. Diese treten bei den kaltblütigen Wirbeltieren, den Fischen, Amphibien und Reptilien, in verschiedenen Farben und Formen auf, während Vögel und Säugetiere lediglich einen Zelltyp, die dunklen Melanozyten, besitzen, die ihren Farbstoff an Haare und Federn abgeben. Ursprünglich, das heißt bei Fischen, Amphibien und Reptilien, sind verschieden gefärbte Pigmentzellen, die Melanophoren, Xanthophoren, Erythrophoren und Iridophoren, in übereinanderliegenden Schichten verteilt: zuunterst die schwarzen Melanophoren, darüber die Iridophoren, die Licht reflektieren oder streuen und von gelben oder orangegefärbte Xanthophoren oder roten Erythrophoren bedeckt sind. In der obersten roten oder gelben Schicht wird blaues Licht, und von den unten gelegenen Melanophoren alles Licht absorbiert. Die Reflektion der Strahlen durch die dazwischen angeordneten Iridophoren erwirkt silberne, grüne und blaue Farbtöne. Das ist eine erstaunliche und raffinierte Anordnung: Durch eine Überlagerung der Pigmentzellen in unterschiedlicher Ausprägung können viele verschiedene Farben produziert werden. Muster kommen durch Variationen dieser drei Schichten zustande, wobei sowohl die Formen der Zellen, ihre Anordnung als auch die Farbigkeit veränderbar sind. Im Prinzip werden also die

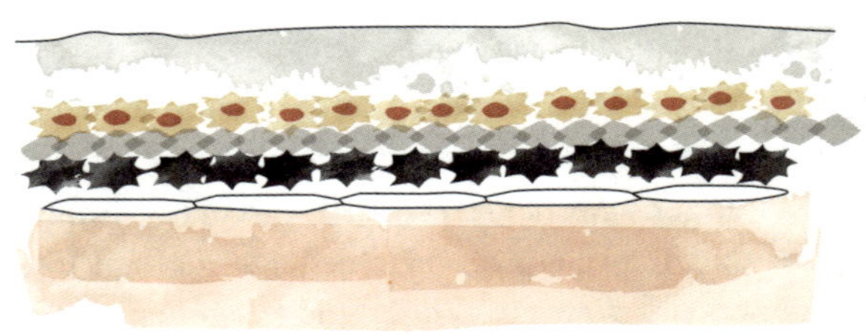

Die drei Pigmentzellen – gelb, silbern, schwarz – sind unter der Haut in Schichten übereinander angeordnet.

Muster als mehrschichtige Mosaike aus einzelnen Zellen gebildet, die darunterliegende Zellen durchscheinen lassen.

Die gelben Xanthophoren und die schwarzen Melanophoren sind reich verzweigte Zellen mit zahlreichen Fortsätzen, mit denen sie sich anfassen, während die Iridophoren eher kompakt angeordnet sind und dichte Verbände bilden können, die das Licht vollständig reflektieren, also silbern oder weiß erscheinen. In den Pigmentzellen sind die Farben in besonderen Vesikeln eingeschlossen; bei Iridophoren enthalten die Vesikel, die nahezu den gesamten Zellinhalt ausfüllen, kristalline Plättchen. Die schwarzen Farbvesikel der Melanophoren können in der Zelle hin und her bewegt werden, wodurch sich Helligkeit und Farbigkeit der Zelle ändert. Das nennt man Farbwechsel: Konzentrieren sich die Melanosomen im Zentrum der Zelle, erscheint der Zellverband hell, breiten sie sich bis in die Zellränder aus, so wirkt er dunkel. Auf diese Weise geschieht die Farbänderung des Chamäleons sowie vieler Frösche und Fische, die sich ihren Stimmungen gemäß farblich verändern können oder sich der Untergrundfärbung anpassen. Im letzteren Fall wird die Umgebung visuell aufgenommen und imitiert; ein rätselhafter Prozess, denn es geht nicht nur um eine Unterscheidung von hell und dunkel, sondern auch um Anpassung an die Musterung, die Körnigkeit des Untergrunds. Erblindete Fische sind immer dunkel, kranke und schlafende Fische sind hell.

Farbwechsel gibt es auch bei einigen Weichtieren wie Kraken und Tintenfischen. In diesen Fällen sind die Zellen linsenförmige Säckchen, die mit Farbe gefüllt sind. An diesen setzen radial von außen Muskeln an, die durch Kontraktion eine Dehnung des farbigen Zellinhalts bewirken. Dadurch wird die Haut dunkel. Diese Farbänderungen, die sowohl der Tarnung als auch dem Erschrecken dienen, sind nervös gesteuert und können blitzschnell erfolgen.

Fische werden bei der Balz häufig leuchtend gelb oder rot, was darauf hinweist, dass auch Xanthophoren und Erythrophoren einen Farbwechsel zeigen können. Darüber ist wenig bekannt; auch in diesem Verhalten kann die Farbe blitzschnell umschlagen. Bei Vögeln und Säugetieren gibt es das Phänomen des Farbwechsels nicht, denn bei ihnen

Der Farbwechsel kommt durch Umverteilung der schwarzen Vesikel in der Melanophore zu Stande.

sind die Farben ja in leblosen Gebilden, nämlich den Haaren oder Federn, enthalten. Aber diese können die Farbigkeit ihres Haarkleids oder Gefieders durch Anlegen, Falten, Sträuben oder Spreiten je nach Stimmung sehr unterschiedlich präsentieren.

Die Pigmentzellen der Wirbeltiere entstehen nicht in der Haut, sie sind auch ursprünglich kein Bestandteil der Haut wie bei den Insekten; sie wandern vielmehr im Lauf der Entwicklung des Tiers in die Haut ein. Woher kommen sie? Die Pigmentzellen der Wirbeltiere sind ein Produkt der Neuralleiste, einer Innovation im Lauf der Evolution der Chordatiere, die vor etwa 500 Millionen Jahren entstand. Die Neuralleiste ist eine Zellgruppe, die im Embryo auf dem Rücken entlang dem Neuralrohr angelegt ist. Diese Zellen haben zwei Eigenschaften, die sie vor anderen auszeichnen:

1. Sie sind multipotent, das heißt sie können zu vielen verschiedenen Zelltypen werden, und
2. sie wandern vom Ort ihrer Entstehung über große Distanzen durch den Körper, wodurch sie die verschiedensten Organe mit spezialisierten Zellen ausstatten.

Die Beiträge der Neuralleiste zum Wirbeltierkörper wurde hauptsächlich von der französischen Embryologin Nicole le Douarin erforscht. Sie entdeckte, dass die Zellen von Hühnchen und Wachteln an einer besonderen Zellkernstruktur unterschieden werden können, und stellte durch Transplantationen von Neuralleistenzellen zwischen Embryonen der beiden Arten sogenannte Chimären her, die erlaubten, herauszufinden, welche Strukturen von Neuralleistenzellen gebildet werden. Den wichtigsten Beitrag liefern Neuralleistenzellen zu Strukturen des Kopfs: den Knochen des Schädels und des Kiefers, der Zähne, Hörner, Schnäbel und Geweihe sowie der Kiemen. Dadurch wurden den ursprünglich sehr einfach gebauten, kopflosen „Protochordaten" neue Wege der Nahrungsaufnahme und des Beutefangs möglich. Auch das periphere Nervensystem, das die Organe des Körpers und die Haut mit dem zentralen Nervensystem von Gehirn und Rückenmark verbindet, entsteht aus Zellen der Neuralleiste. Die Neuralleiste trug bei der Evolution entscheidend dazu bei, die Wirbeltiere groß und farbig zu machen, denn schließlich entstammen auch alle Pigmentzellen der Haut der Neuralleiste.

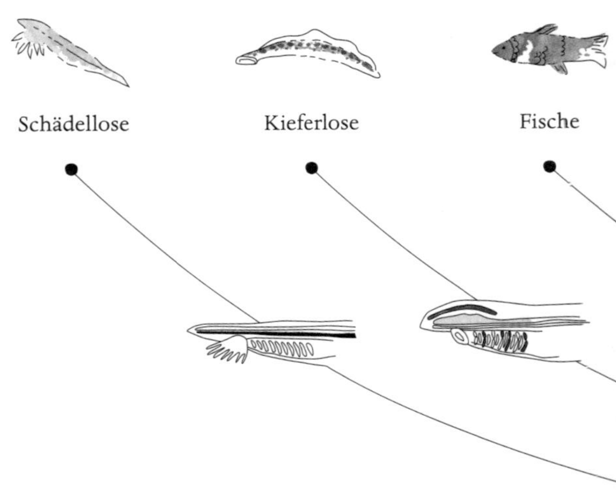

Evolution der Wirbeltiere

Das Bauprinzip der Wirbeltiere geht zurück auf eine stabförmige Struktur, die *Chorda dorsalis*, die bereits bei ihren Vorfahren, den Protochordaten während des Kambriums ausgebildet war. In dieser Periode, vor 540–480 Millionen Jahren, entstanden fast alle heutigen Tierstämme. Die ursprünglichen Chordatiere sind kleine spindelförmige kopflose Strudler, die als Nahrung Plankton aus dem Wasser durch einen Kiemenkorb filtrieren. Bei der Evolution der großen Wirbeltiere aus diesen einfach gebauten kleinen Formen war zunächst die Entstehung eines Kopfs entscheidend: Knochenplatten der Haut bilden einen Schädel, der das Gehirn schützt, sodass es erheblich größere Ausmaße annehmen kann. Später kommt der Kiefer mit Zähnen dazu, dessen Spezialisierun-

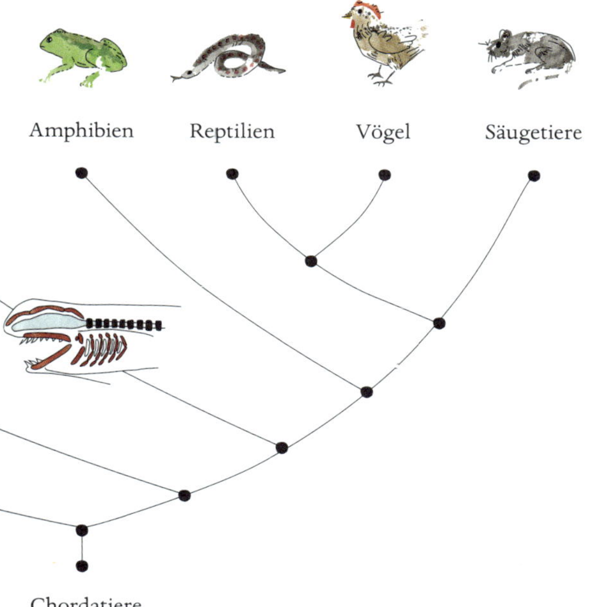

gen die verschiedensten Formen des Beutefangens ermöglichen. Diese Kopfstrukturen entstehen aus der Neuralleiste. Die bewegliche Wirbelsäule entwickelt sich aus der Chorda und dem angrenzendem Gewebe, versteift die Längsachse der Tiere und schützt das Rückenmark, das zentrale Nervensystem. Aus plakodenähnlichen Strukturen entstehen auch zwei Paar Gliedmaßen, die bei Fischen noch einfache Flossen darstellen, aber bei den übrigen Wirbeltierklassen gegliederte Arme, Beine oder Flügel bilden. Beim Übergang zum Landleben kam eine neue Besonderheit dazu, das Amnion. Dies ist eine embryonale Struktur, die eine Hülle um den Embryo bildet und ihn vor dem Austrocknen schützt, wodurch eine Entwicklung im Ei an Land möglich wird.

In der frühen Embryonalentwicklung von Säugetieren und Vögeln wandern die Vorläufer der Pigmentzellen, von der Neuralleiste kommend, unterhalb der Haut von der Rückenseite in Richtung Bauchseite des Körpers. Sie statten die Federbälge und Haarfollikel mit Pigmentzellen aus, die den dunklen oder roten Farbstoff zwischen das Keratin der wachsenden Strukturen abgeben. Bei Haustieren wie Pferden, Kühen, Schweinen, Hunden und Katzen sind genetisch bedingte Farbvarianten bekannt, bei denen die Wanderung der Pigmentzellen nicht oder unvollständig stattfindet. Die Tiere sind entweder ganz ohne Melanozyten, also ganz weiß, oder weisen Scheckungen oder Blessen auf, die besonders oft an weit entlegenen Körperteilen auftreten, wie Füßen, Kopf oder Schwanzspitze. Es wurden mehrere Gene identifiziert, bei denen Mutationen zu solchen lokalen Aufhellungen führen, die auf einer unvollständigen Wanderung der Neuralleistenzellen beruhen. Auch beim Menschen sind solche Varianten bekannt.

Die genetischen Grundlagen der Farbgebung bei Säugetieren werden hauptsächlich bei der Labormaus erforscht. Bei der Maus sind inzwischen etwa 100 Gene bekannt, die Fellfarbe, Haut- und Augenfarbe beeinflussen. Viele von ihnen haben komplexe Funktionen, die auch andere lebenswichtige Aspekte betreffen, wodurch ihre Analyse erschwert wird. Auch sind die Wanderungsprozesse der Neuralleistenzellen in den klassischen entwicklungsbiologischen Laborwirbeltieren, also im Hühnchen oder in der Maus, schwer zu verfolgen, da der Embryo sich im Ei oder im Mutterleib entwickelt und damit der direkten Beobachtung nicht zugänglich ist. Deshalb wusste man bis vor Kurzem noch nicht viel darüber, wie die Pigmentzellen von der Neuralleiste kommend in die Haut gelangen und zu der Farbigkeit und den Farbmustern beitragen, die viele Tiere schmücken.

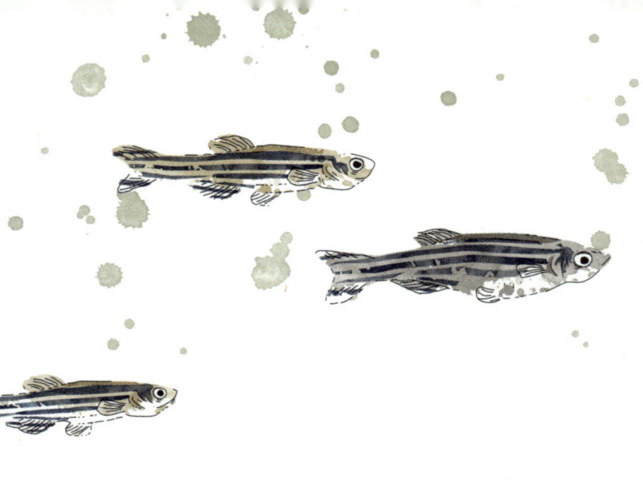

Zebrafisch

In den vergangenen dreißig Jahren hat sich der Zebrabärbling als ideales Versuchstier für viele Gebiete der biologischen und medizinischen Forschung erwiesen. Er ist ein kleiner Schwarmfisch aus warmen indischen Gewässern, der seit Langem ein beliebter Aquarienfisch ist. Die Fische legen zahlreiche recht große Eier, die zunächst vollkommen durchsichtig sind und damit ein unmittelbares Verfolgen der ersten Entwicklungsschritte im lebenden Embryo bis hin zur schwimmfähigen Fischlarve ermöglichen. Das zeichnet ihn (vor Hühnchen und Maus) als besonders geeignetes Forschungsobjekt für viele Fragestellungen aus, die Prinzipien der Wirbeltierentwicklung betreffen. Er ist auch verhältnismäßig leicht genetisch manipulierbar, und Mutanten, bei denen die Funktion eines Gens ausfällt oder verändert ist, helfen, Moleküle zu identifizieren, die für bestimmte Entwicklungsvorgänge wichtig sind.

Für unsere Fragestellung relevant ist sein ausgesprochen schönes Farbmuster, das aus parallelen blau-goldenen Längsstreifen besteht. Die Streifen entstehen bei beiden Geschlechtern, sie sind wohl für die Arterkennung bei der Schwarmbildung wichtig. Die Farbmuster der Zebrafische sind klassisch aus den drei Zelltypen in der Unterhaut aufgebaut: zuunterst die Melanophoren, oben die Xanthophoren und dazwischen die Iridophoren. Melanophoren gibt es nur im dunklen Streifen. Xanthophoren und Iridophoren sind in hellen und dunklen Streifen verbreitet, aber in verschiedenen Formen. Über den Melanophoren des dunklen Streifens bilden Iridophoren lose Netze; dadurch entsteht die schillernde blaue Farbe. Xanthophoren sind über diesen losen Iridophoren sternförmig mit langen Fortsätzen verteilt. Im hellen Streifen sind dicht gepackte Iridophoren von intensiv gefärbten Xanthophoren

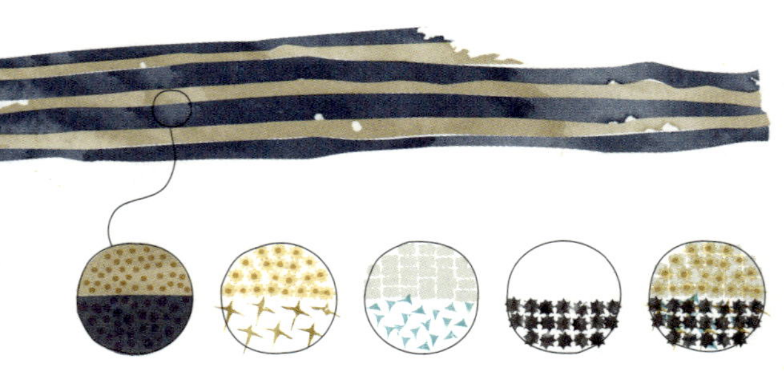

Die präzise Überlagerung der Zelltypen in unterschiedlichen Formen erzeugt das Gold und Blau der Streifen.

mit kurzen Zellfortsätzen bedeckt. Eine sehr präzise Überlagerung erzeugt den scharfen Kontrast und die Farbigkeit der Streifen. Die schillernde Silbrigkeit des Fischs wird zusätzlich durch zahlreiche Iridophoren verstärkt, die den sichtbaren Bereich der Schuppen bedecken. Beim Zebrafisch sind auch die Analflosse und die Schwanzflosse gestreift, die Brustflossen sind farblos, während sich in den anderen Flossen sowie auf den Schuppen und auf dem Rücken die Pigmentzellen mischen. Die fast durchsichtigen Larven, die wenige Tage nach der Befruchtung aus dem Ei schlüpfen, sind viel sparsamer gefärbt. Dieses erste Pigmentmuster besteht aus schlichten Reihen von Pigmentzellen entlang des Rückens, der Seitenlinie und des Bauchs. Auf der Rückenseite sind die Larven leicht gelblich getönt. Beim Zebrafisch lässt sich die Wanderung von Zellen im lebenden Tier beobachten und in Zeitrafferfilmen festhalten. Dazu werden die jeweiligen Zellen farbig markiert, um sie sichtbar zu machen.

Die Neuralleiste entsteht auf der Rückenseite des Embryos entlang der Anlage des Neuralrohrs. Am Ende des ersten Tags der Entwicklung beginnen die Neuralleistenzellen im Körper entlang zweier Routen zu wandern: einer äußeren, unter der Haut, und einer inneren, entlang der Innenseite der Muskelpakete, der sogenannten Somiten, und des zentralen Nervensystems sowie der Chorda. Das Farbmuster der Larve wird direkt von den eingewanderten Neuralleistenzellen gebildet. Melanophoren und Xanthophoren wandern entlang der äußeren Route auf die Bauchseite zu. Dabei verteilen sich die Xanthophoren so, dass Zellen, die lange Fortsätze haben, mit denen sie sich kontaktieren, lose jedes Segment bedecken. Iridophoren und auch Melanophoren sowie Nervenzellen des peripheren Nervensystems wandern entlang der inneren Route. Diese Zellen folgen den auswachsenden Nerven, die die Muskulatur versorgen und ebenfalls am ersten Tag der Entwicklung entstehen.

Die lückenlose Besiedelung der Haut mit Pigmentzellen geschieht erst, wenn das Fischlein seine Metamorphose durchläuft. Während der Metamorphose, die im Alter von etwa drei Wochen beginnt, entstehen auch die meisten Flossen (die Brustflossen gibt es bereits in der Larve) und die Schuppen. Das Streifenmuster ist im etwa zwei Monate alten Fisch

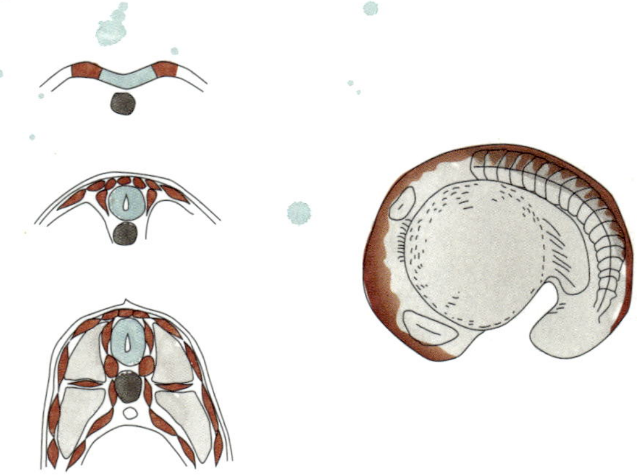

Wanderung der Neuralleistenzellen

Zum Verfolgen der Wanderung von Neuralleistenzellen in der Entwicklung eignen sich besonders fluoreszierende Proteine, zum Beispiel das sogenannte „green fluorescent protein" (GFP) und seine rot fluoreszierende Variante (RFP), die in Tiefseequallen entdeckt wurden. Mit gentechnischen Methoden wird das für GFP oder RFP kodierende Gen an eine Kontrollregion eines zellspezifischen Gens aus dem Fisch gekoppelt und stabil in das Genom des Fisches eingebaut. Zellspezifisch bedeutet, dass die Kontrollregion dafür sorgt, dass das Gen nur in einem bestimmten Zelltyp aktiv ist. In solchen transgenen Fischen produziert also nur dieser bestimmte Zelltyp das RFP und fluoresziert daher. Auf diese Weise haben wir Fische generiert, die RFP unter der Kontrolle eines Gens herstellen, das nur in der Neuralleiste aktiv ist. Damit lässt sich die Wanderung der Neuralleistenzellen während der Entwicklung des Fischs verfolgen. Die Neuralleistenzellen der inneren Route wandern in segmentalen Gruppen, von vorne nach hinten abfolgend, auf die Bauchseite zu. Die wandernden Zellen ertasten sich mit ihren Fortsätzen den Weg.

vollendet. Während der Metamorphose nimmt die Zahl der Xanthophoren durch Teilung der bereits in der Larve gebildeten Zellen zu. Melanophoren und Iridophoren der Larven verschwinden jedoch und werden durch neue Zellen ersetzt, die zu Beginn der dritten Woche in der Haut auftauchen. Zu diesem Zeitpunkt ist die Neuralleiste nicht mehr vorhanden – woher kommen diese neuen Zellen? Das war bis vor ein paar Jahren ein Rätsel, bis wir mithilfe neuer Methoden der Lichtmikroskopie entdeckten, dass sie aus Stammzellen entstehen

Stammzellen sind undifferenzierte embryonale Zellen, die sich in vielen Geweben und Organen des Körpers finden. Aus ihnen entstehen neue differenzierte Zellen, die zum Wachstum des Organs beitragen. Stammzellen spielen auch eine große Rolle beim Ersatz von Zellen, die durch Gebrauch absterben, wie die Zellen der Haut oder des Darms, und bei der Wundheilung.

Bei der Wanderung der Neuralleistenzellen entlang der motorischen Nerven, die die Muskulatur in jedem Segment versorgen, bleiben an den Stellen, wo der Nerv dem Rückenmark entspringt, einzelne große Zellen zurück. Daraus entstehen in jedem Segment die Nervenknoten des peripheren Nervensystems, von denen die Nerven ausgehen, die die Haut versorgen. Die Stammzellen, die später die Pigmentzellen des erwachsenen Fisches bilden werden, gehören zu diesen Nervenknoten. Zu Beginn der Metamorphose beginnen diese Stamm-

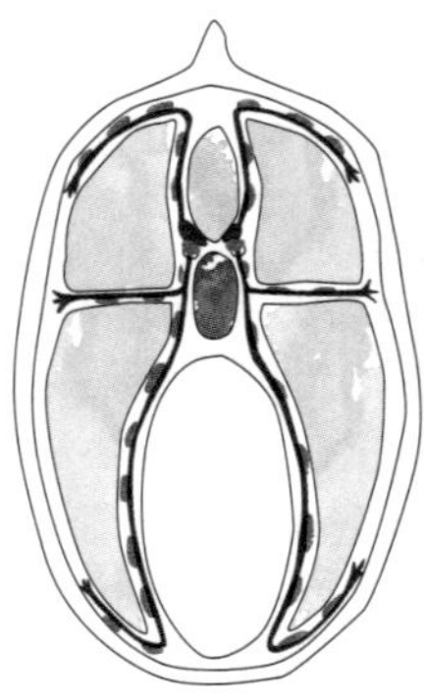

Aus den Stammzellen entstehen Pigmentzellen, die entlang drei Routen entlang den Nerven in die Haut wandern.

zellen, Vorläuferzellen für die Pigmentzellen des erwachsenen Fischs zu produzieren. Diese wandern in jedem Segment, von den Nerven geleitet, entlang der Muskelpakete in die Haut. Sie wandern auf drei Routen: dorsal, also zum Rücken hin, ventral, also zur Bauchseite hin, und seitlich durch das horizontale Myoseptum, eine Struktur, die dorsale und ventrale Muskelpakete trennt.

Jetzt entstehen die Streifen: Pigmentzellen tauchen zu Beginn der Metamorphose von innen in der Haut auf. An der Seitenlinie erreichen die ersten Iridophoren die Haut und bilden segmentale Gruppen, die über jedem Muskelpaket erscheinen. Diese Iridophoren sind dicht gepackt und vermehren sich durch Zellteilung, bis die Zellgruppen aneinander anschließen und der erste helle Streifen mit einer Breite von etwa zehn Zellen vollendet ist. Anschließend verändern sie sich am oberen und unteren Rand von der kompakten in eine lose, wandernde Form und breiten sich unter weiteren häufigen Zellteilungen in der Haut nach oben und unten aus. In diesen Randzonen tauchen auch die Melanophoren der dunklen Streifen von innen auf, diese teilen sich aber nicht in der Haut, sondern bereits während ihrer Wanderung entlang der Nerven. Sobald die losen Iridophoren sich über den entstehenden dunklen Streifen ausgebreitet haben, nehmen sie wieder die kompakte, dichte Packung an und bilden einen zweiten hellen Streifen. Dieser Prozess wiederholt sich, bis vier helle und vier dunkle Streifen entstanden sind. Die Streifen entstehen also nicht gleichzeitig, sondern werden nacheinander durch die Iridophoren gebildet. Die bereits in der Haut befindlichen Xanthophoren teilen sich weiter und bedecken die wachsende Haut durchgehend mit einem Netz, wobei sie über den Melanophoren loser angeordnet und sehr stark verzweigt sind und über den Iridophoren eine kompakte Form annehmen.

Aus der Beobachtung der Entwicklung der Streifen ergeben sich interessante Fragen zu den Eigenschaften der Stammzellen: Gibt es verschiedene Stammzellen für Melanophoren und Iridophoren? Welche Bereiche des Streifenmusters und wie viele Zellen eines Typs werden von jeweils einer Stammzelle produziert? Zur Beantwortung dieser Fragen werden die Stammzellen einzeln durch RFP rot markiert und ihre Nachkommen während

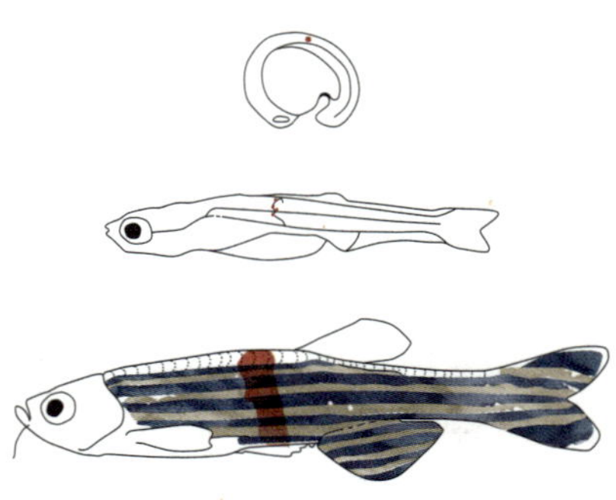

Eine Stammzelle wurde am ersten Tag der Entwicklung rot markiert, um ihre Nachkommen zu erkennen.

des gesamten Prozesses verfolgt. Dies nennt man klonale Analyse: Die Schar von Zellen (hier die differenzierten Pigmentzellen), die aus einer Zelle (hier die Stammzelle) entspringt, ist ein Klon. Den Beitrag einer Stammzelle sieht man folglich im erwachsenen Fisch an der roten Markierung. Solche Analysen ergaben, dass eine Stammzelle alle drei Pigmentzelltypen produziert. Zusätzlich sind auch Nervenzellen und die Nerven umhüllenden Gliazellen markiert; auch diese Zelltypen entstehen gemeinsam mit den Pigmentzellen aus derselben Stammzelle. Die Stammzellen sind also nicht festgelegt auf einen bestimmten Zelltyp, sondern sind multipotent – vieles könnend. Die Zellklone zeigen sehr unterschiedliche Formen und tragen zu variablen Anteilen des Pigmentmusters bei. Es können keine scharfen Grenzen zwischen benachbarten

Segmenten beobachtet werden – die Zellen aus benachbarten Segmenten vermischen sich. Aus einer früh angelegten Stammzelle gehen etwa, aber nicht genau, alle Pigmentzellen auf einer Seite eines Segments hervor. Die aus ihr entstehenden Zellen sind plastisch und ihre Vermehrung, aber auch ihre Differenzierung passt sich den Gegebenheiten an. Dadurch wird gewährleistet, dass die Haut gleichmäßig mit allen drei Pigmentzelltypen in allen drei Schichten besiedelt wird. Die Zellen halten Kontakt zueinander und scheinen dadurch zu spüren, wo noch etwas fehlt.

Wirklich verwunderlich ist aber, dass bei der Besiedelung der Haut mit Pigmentzellen die morphologischen Strukturen, die Streifen, Schuppen oder Flossen keine Rolle spielen. Die Streifen werden also nicht, wie man leicht vermuten könnte, durch die Wanderungsrichtung der Zellen bestimmt. Die Muster werden vielmehr ganz unabhängig von der Herkunft der verschiedenen Pigmentzelltypen gebildet.

Aus der Beobachtung der Entwicklung der Streifen entstehen weitere Fragen: Wie wird der Abstand zwischen den Streifen bestimmt? Sind in der Larve morphologische Strukturen vorhanden, die als Vormuster dienen können, wie wir es im Schmetterlingsflügel gesehen haben? Gibt es Positionsinformation? Wir haben eine Struktur gefunden, die die horizontale Orientierung der Streifen vorgibt: Das horizontale Myoseptum, das die dorsalen von

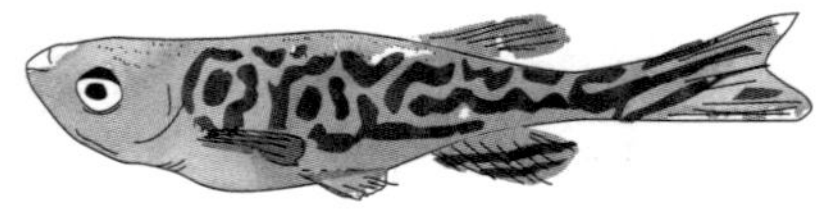

In Choker fehlt das horizontale Myoseptum und damit die Orientierung der Streifen, die sich willkürlich bilden.

den ventralen Muskelpaketen trennt. Den Hinweis brachte *choker*, eine spektakuläre Mutante, bei der die horizontale Ausrichtung der Streifen fehlt – die Fische bilden mäandernde Streifen, die in jedem mutanten Tier unterschiedliche Formen annehmen. Diese Mutante wurde ursprünglich als Muskelmutante charakterisiert, der das horizontale Myoseptum fehlt. Das führt dazu, dass die Iridophoren nicht, wie normal, an dieser Stelle zuerst in die Haut gelangen können. Sie tauchen stattdessen etwas später irgendwo in der Haut auf. Bemerkenswert ist, dass die mäandernden Streifen in adulten *choker*-Fischen von normaler Breite und Zusammensetzung sind. Daraus ergibt sich, dass es kein unsichtbares Vormuster gibt, in das sich die drei Pigmentzelltypen einfügen. Auch einen Morphogengradienten, der eine Positionsinformation zur Orientierung der Zellen in der Haut des Fischs bereitstellt, scheint es nicht zu geben. Auch kann es nicht sein, dass die Pigmentzellen erst einmal gemischt erscheinen und sich dann aussortieren, denn die Melanophoren bewegen sich kaum in der Haut, sondern bleiben am Ort ihres Erscheinens. Vielmehr scheint sich das Muster dadurch zu bilden, dass die drei Pigmentzelltypen ganz bestimmte Wechselwirkungen untereinander ausbilden, sich gegenseitig abstoßen oder anziehen und sich dadurch in den übereinanderliegen drei Schichten ordentlich aufreihen – sie organisieren sich selbst. Jedenfalls entstehen in Fischen, in denen jeweils einer der drei Zelltypen fehlt, keine ordentlichen Streifen. In Fischen, die nur einen Zelltyp ausbilden, verteilt sich dieser fast gleichmäßig und es entsteht keinerlei Muster. Die Zellen brauchen sich also gegenseitig, um ein Muster bilden zu können. Interessanterweise sind bei der Streifenbildung in der Schwanz- und Analflosse nur die Xanthophoren und Melanophoren beteiligt, während im Körper die Iridophoren eine entscheidende Rolle spielen.

Wie kann man sich eine solche Selbstorganisation vorstellen? Xanthophoren und Melanophoren sind reich verzweigt; sie haben Fortsätze, Verästelungen und Filopodien, mit denen sie sich kontaktieren. In dieser Beziehung sind sie Nervenzellen ähnlich, mit denen sie ja auch die Herkunft teilen. Möglicherweise finden an den Kontaktstellen ähnliche Prozesse statt, wie auch bei der Weiterleitung von Reizen im Nervensystem oder der Reizübertra-

In *Asterix* sind die dunklen Streifen breiter und unregelmäßig, in *Schachbrett* bilden sich Tüpfel statt Streifen.

gung zwischen Nervenzellen und Muskeln. Dazu gibt es Hinweise durch Mutanten, bei denen die Streifenmuster nicht korrekt ausgebildet werden, obwohl alle drei Zelltypen vorhanden sind: in diesen Fischen sind die Streifen zu breit oder zu schmal oder es entsteht gar kein oder ein getupftes Muster. Die Moleküle, die in solchen Mutanten verändert sind oder fehlen, gehören zur Klasse der Membranproteine, von denen man weiß, dass sie Kontakte zwischen Zellen herstellen. Membranproteine, die zwischen Zellen Kanäle ausbilden und so den Transport kleiner Moleküle zwischen Zellen erlauben, sind zum Beispiel dafür verantwortlich, dass die Xanthophoren über den hellen Streifen aus dichten Iridophoren eine kompakte intensiv gefärbte Form annehmen. Sie sind auch beim Übergang zwischen den beiden Zellzuständen der Iridophoren, die sich bei der Ausbreitung der Streifen ändern, beteiligt. Ein weiteres Kanalprotein beeinflusst die Streifenbreite. Sehr viel mehr wissen wir über diese Prozesse noch nicht; das ist ein spannendes Kapitel zukünftiger Untersuchungen.

Evolution der Schönheit

Die Herkunft der Pigmentzellen aus multipotenten segmentalen Stammzellen wurde erst kürzlich am Zebrafisch entdeckt und bisher an keinem anderen Tier überprüft. Es ist wahrscheinlich, dass die Art und Weise, wie die Besiedlung der Haut mit den drei Schichten der Pigmentzellen im Zebrafisch erfolgt, bei allen Fischen und vielleicht auch Amphibien und Reptilien im Prinzip gleich ist. Die Anordnung in Streifen und die unterschiedlichen Formen der Pigmentzellen in den drei Schichten ist jedoch ganz spezifisch für den Zebrafisch. Nahe Verwandte des Zebrafischs (*Danio rerio*) sehen erstaunlich anders aus. Der Zebrafisch gehört zur Gattung der *Danio*-Fische und somit zur Familie der Karpfenfische; einheimische Vertreter sind der Karpfen und Weißfische, die schlicht silbrig gefärbt sind; manche Arten haben rote Flossen. Dagegen sind die Verwandten aus der Gattung *Danio* aus tropischen Gewässern auffallend bunt und wegen ihrer Schönheit bei Hobbyaquarianern sehr beliebt. Der Schillerbärbling (*Danio albolineatus*) ist gänzlich ungestreift, es gibt aber auch *Danio*-Arten, bei denen die Melanophoren dunkle senkrechte Bänder bilden. Manche haben dunkle Tupfen auf hellem Grund, wieder andere helle Tupfen auf dunklem Grund. Bei manchen Arten haben die Flossen ein vollkommen neues Motiv mit auffallend roten Pigmenten, was sie für den menschlichen Betrachter (wie für den Artgenossen?) besonders hübsch macht.

Wir können aus dieser Mustervielfalt einige wichtige Informationen über die Logik der Musterbildung gewinnen: Die parallelen Längsstreifen gibt es nur beim Zebrafisch. Das bedeutet, dass die scheinbare Periodizität des Musters keine besondere Bedeutung für den Mechanismus ihrer Entstehung hat. Auch ist nur im Zebrafisch eine Kontinu-

Nah verwandte Arten haben ganz andere Muster als der Zebrafisch, manche mit bunten Flossen.

ität zwischen Muster von Körper und Flossen vorhanden, während die Flossen in verwandten Arten anders als der Körper gemustert sind. Die Haut der Flossen ist einfacher gebaut als die des Körpers, und es erscheint plausibel, dass die Verteilung der Pigmentzellen anderen Regeln folgt.

Die erstaunliche Vielfalt der Farbmuster dieser nah verwandten Arten zeigt, wie schnell sie sich in der Evolution verändern können. Dabei sind Lebensweise und sonstige morphologische Kriterien durchaus ähnlich oder gar gleich geblieben. Das heißt auch, dass es keine bevorzugten geometrischen Formen gibt, die sich besonders als Arterkennungsmerkmale eignen. Vielmehr sind diese willkürlich, müssen aber korrekt erkannt werden, um die richtigen Geschlechtspartner zu finden. Woher die Fische wissen, wie sie aussehen, ist noch nicht genau bekannt; vermutlich spielen Prägungsprozesse eine Rolle, da sie ja im Schwarm mit gleich aussehenden Geschwistern aufwachsen.

Diese *Danio*-Arten sind noch so nahe verwandt, dass sie untereinander Hybride bilden können, die allerdings nicht fruchtbar sind. Das heißt, dass sie sehr viele Gene gemeinsam haben müssen. Genetische Unterschiede beziehen sich möglicherweise wesentlich auf ihre Farbmuster. Wir versuchen jetzt, durch Vergleich der Gene der unterschiedlich gemusterten Arten solche zu finden, die voneinander abweichen. Diese würden uns helfen, weitere Kandidaten für Akteure bei der Musterbildung zu identifizieren. Zwei wichtige methodische Fortschritte der Genetik erlauben Analysen, die bis vor einigen Jahren ganz unmöglich waren:

1. Die Genomsequenzierung, das heißt die Entzifferung aller Gene eines Organismus, die noch zu Beginn des 21. Jahrhunderts sehr kostspielig und aufwendig war, ist heute eine Routinemethode, und ein immer raffinierterer und effizienterer Umgang mit den Gendaten erlaubt den Vergleich der Genome sowohl verschiedener Arten als auch einzelner Individuen einer Art.

2. Die Methode des Gen-Editing (die sogenannte CRISPR-Cas9-Methode), die wesentlich von der französischen Mikrobiologin Emanuelle Charpentier entwickelt wurde, erlaubt seit wenigen Jahren das gezielte Verändern oder Ausschalten von Genfunktionen, auch im Zebrafisch und den mit ihm verwandten Arten. Wir werden mit den genannten Methoden Genunterschiede zwischen den Arten aufspüren und überprüfen, ob sie etwas mit der Musterbildung zu tun haben. Dies geschieht, indem wir zum Beispiel Kandidatengene in den verschiedenen Arten ausschalten oder zwischen den Arten austauschen und analysieren, ob sich das jeweilige Farbmuster entsprechend verändert. Auf diese Weise mag es gelingen, das Geheimnis, wie die schönen Farbmuster nun genau gemacht werden, zu lüften.

Was haben wir durch diese Untersuchungen am Zebrafisch für das Verständnis der Farbmusterbildung gelernt? Das Ziel dieser Forschung ist ja nicht, im Detail zu verstehen, wie der Zebrafisch zu seinen Streifen kommt, sondern etwas über die Prinzipien der Musterbildung zu erfahren. Der Zebrafisch und seine Verwandten sind lediglich die Beispiele, an denen sich allgemeine Schlüsse und Hypothesen im Experiment besonders elegant überprüfen lassen. Bei Fischen ist die gleichmäßig silberne Pigmentierung der Haut durch Schichten von reflektierenden Iridophoren im dichten, lückenlosen Zellverband die wichtigste ursprüngliche Funktion der Pigmentierung, um den Körper gegen UV-Strahlen sicher abzuschirmen. Dazu kommt die gestaltauflösende Dunkelfärbung der Rückenpartie Melanophoren können Licht aller Wellenlängen vollständig absorbieren und so auch den Schutz vor UV-Strahlen übernehmen. Wo sie die Iridophoren verdrängen, können Muster entstehen. So sehen wir, wie im Zebrafisch an den Stellen, an denen die Melanophoren den dunklen Streifen bilden, die Iridophoren ihren dichten Verband aufgeben und das Schwarz der Melanophoren durchscheinen lassen, durch die Reflektion der losen Iridophoren zum Blau getönt. Die Xanthophoren konzentrieren sich auf den dichten Iridophoren und geben ihnen den goldenen Glanz.

Wir lernen aus der Mustervielfalt der nahe verwandten *Danio*-Arten, dass es keine standardisierten morphologischen Vormuster gibt, die einen Rahmen vorgeben, und auch keine weitreichenden Signalgradienten, die an Randzonen des Musters entstehen. Beim Zebrafisch wird die morphologische Struktur des horizontalen Myoseptums sozusagen ausgenutzt, um die Streifen zu orientieren, aber das ist ein Sonderfall, denn andere Muster benutzen diese Markierung nicht. Dagegen entstehen die senkrechten Bänder von Melanophoren, die bei einigen *Danio*-Arten und vielen anderen Fischen auftreten, möglicherweise durch die vertikalen Bahnen und Verästelungen der segmentalen peripheren Nerven, entlang derer die Melanophoren in die Haut gelangen. Bei anderen Fischarten könnten wiederum andere morphologische Strukturen eine Rolle spielen, wie die dorsale Mittellinie oder die Schuppenränder. Rote und gelbe Farbtöne wirken bei vielen Tieren sexuell erregend; wir finden diese Färbung durch Xanthophoren über dem hellen Untergrund, den die Iridophoren bereitstellen, oder bei einigen *Danio*-Arten in den Flossen.

Beim Zebrafisch wie auch bei anderen *Danio*-Arten wirkt das Muster wie ein Signal, das der Erkennung der eigenen Art dient. Es ist auf die Flanke und die Flossen, mit Ausnahme der farblosen Brust- und Beinflossen, beschränkt, während Rücken, Bauch und Kopf ungemustert sind. Das bedeutet, dass die Regeln der Wechselwirkungen zwischen den Pigmentzellen von ihrer Umgebung abhängen und nicht allein durch ihre zellulären Eigenschaften bestimmt werden oder dass die Umgebung in solchen Regionen Einfluss auf die Wechselwirkungen der Pigmentzellen nimmt. Viele Fischarten tragen auffallende Muster auf den Flanken, und wie bei den Bärblingen sind senkrechte oder waagrechte Streifen und Tupfen häufige Motive, mit denen sich Fische schmücken. Wir vermuten, dass sich auch diese Muster durch das, was wir vom Zebrafisch lernen können, erklären lassen.

Säugetiere und Vögel besitzen nur einen Pigmentzelltyp, die Melanozyte. Trotzdem gibt es auch hier interessante Muster, die sich an Schönheit durchaus mit denen der Fische messen lassen. Besonders bei Vögeln gibt es die unglaublichsten Farben, Texturen und Muster, aber über deren Entstehung wissen wir so gut wie nichts. In der Tat kann man sich Experimente an diesen Tieren, die zur Aufklärung der Farbmusterbildung beitragen könnten, schwer vorstellen. Die Vorteile, die der Zebrafisch mit sich bringt, wie Entwicklung außerhalb des mütterlichen Organismus, die Möglichkeit der kontinuierlichen Beobachtung des lebenden Tiers und die genetische Manipulierbarkeit, haben Vögel und Säugetiere nicht. Deshalb sind wir auf Spekulationen angewiesen, wobei uns die Erkenntnisse über die Streifenbildung vom Zebrafisch leiten können.

Senkrechte und waagrechte Streifung kommen bei einigen Säugetieren vor; Beispiele sind Tiger, Zebra, Streifenhörnchen und junge Wildschweine. In diesen Streifen sind die Haare abwechselnd hell oder dunkel gefärbt. Die Muster erinnern an die

häufigsten Fischmuster und legen einen ähnlichen Ursprung nahe. Vielleicht gibt es hier mehrere Melanozytentypen, die zwar Melanin, aber in unterschiedlichen Helligkeiten produzieren. Eine Mutante des Tigers, der Weiße Tiger, ist in einem Gen gestört, das beim Zebrafisch *albino* genannt wurde, da die Melanophoren keinen schwarzen Farbstoff produzieren können. Im Weißen Tiger sind davon aber nur die hellbraunen, nicht die schwarzen Streifen getroffen. Das zeigt, dass es hier unterschiedliche Melanozyten gibt, die möglicherweise durch Selbstorganisation und gegenseitige Wechselwirkungen, wie wir sie beim Zebrafisch finden, sauber abgetrennte Streifen, aber auch Tupfen oder Ringe wie bei Leoparden bilden können. Vielleicht werden sie durch ihre Herkunft unterschiedlich: Bisher wurde davon ausgegangen, dass die Vorläufer der Melanozyten der

Waagrechte und senkrechte Streifen sind häufige Motive der Färbung bei Vögeln und Säugetieren.

Säugetiere und Vögel sich nur auf dem äußeren Weg unter der Haut ausbreiten, um die Haarfollikel und Federbälge zu besiedeln, so wie die Xanthophoren im Zebrafisch. Aber es gibt neuere Hinweise, dass Melanozyten auch gemeinsam mit dem peripheren Nervensystem aus Stammzellen entstehen und über die innere Route in die Haut gelangen. Senkrechte Streifen könnten dann entstehen, wenn sich die Pigmentzellen entlang der peripheren segmentalen Nerven ausbreiten wie die Klone beim Zebrafisch.

Eine andere Frage betrifft die Verwandtschaft der Pigmentzellen: Ursprünglich gab es drei Pigmentzelltypen; woher kamen sie? Waren die Iridophoren zuerst da oder die Melanophoren? Melanin ist ein Pigment, das auch in Bakterien, Pflanzen und Pilzen vorkommt und außerordentlich weit verbreitet ist, was dafür spricht, dass die Melanophoren tatsächlich zuerst da waren. Das die Silbrigkeit und Helligkeit der Iridophoren bewirkende Guanin ist Bestandteil der Nukleinsäuren und macht einen gewichtigen Anteil im Guano – dem Kot von Meeresvögeln – aus, der Jahrhunderte lang als wertvoller Stickstoffdünger verwendet wurde. Sind die Iridophoren ursprünglich als Ausscheidungsprodukte zum Entgiften des Körpers in die Haut gekommen, um dann zweckentfremdet zu werden, indem sie den Schutz vor UV-Strahlen übernommen haben? Sind die Iridophoren auf dem Weg der Evolution zu den Säugetieren und Vögeln verloren gegangen oder haben sie ‚gelernt', nun Melanin zu produzieren? Nanostrukturen in den Federn und Haaren produzieren Weiß, Glanz und Schimmer und machen Iridophoren überflüssig. Vielleicht sind aus ihnen die auf der inneren Route wandernden Melanozyten der Säugetiere und Vögel hervorgegangen. Beim Zebrafisch sind für das Wachstum der Iridophoren die gleichen Signalmoleküle, sogenannte Endotheline, beteiligt wie bei den Melanozyten der Säugetiere, was für eine enge Verwandtschaft der beiden Zelltypen spricht. Welche Funktionen haben die Xanthophoren? Sind sie nur für die Variationen der äußeren Erscheinungen und somit rein für die Schönheit da?

Vielleicht lassen sich einige dieser Fragen durch die neuen Methoden der Genanalyse bei anderen Tieren klären. Aber wie der Pfau es macht, wird wohl auch in Zukunft ein Rätsel bleiben.

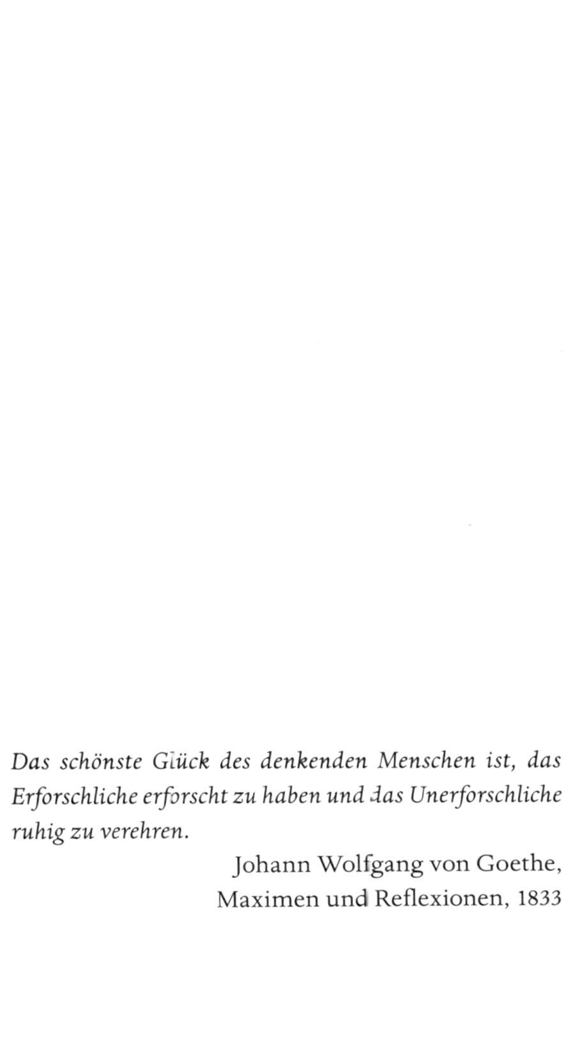

Das schönste Glück des denkenden Menschen ist, das Erforschliche erforscht zu haben und das Unerforschliche ruhig zu verehren.

Johann Wolfgang von Goethe,
Maximen und Reflexionen, 1833

Dank

Ich danke Freunden und Kollegen, die durch Diskussionen und Anregungen zu dem Essay beigetragen haben. Mein Dank für gründliches Lesen, Korrigieren und Kommentieren verschiedener Textfassungen geht an Berenice Schierenberg, Hans Georg Frohnhöfer, Uwe Irion, Siegfried Roth, Jonathan Howard, Julia Fischer und ganz besonders Jana Krauss.

Literatur zum Thema

DARWIN, Charles: On the Origin of Species by Means of Natural Selection. Or the Preservation of favoured Races in the Struggle for Life. London: John Murray 1859 (Neuauflage: Oxford Classics, 1996).

DARWIN, Charles: The Descent of Man and Selection in Relation to Sex. London: John Murray 1871 (Neuauflage: Penguin, 2004).

FISCHER, Julia: Affengesellschaft. Berlin: Suhrkamp 2012.

HOWARD, Jonathan: Darwin. A very short introduction. Oxford: Oxford University Press 1982.

HOWARD, Jonathan: Darwin. Eine Einführung. Ditzingen: Reclam 1996.

LORENZ, Konrad: Das sogenannte Böse, Wien: Dr. G. Borotha-Schoeler Verlag 1963 (Nachdruck: dtv, 1998).

LORENZ, Konrad: Die Rückseite des Spiegels. München: Piper 1973 (Nachdruck: dtv, 1993).

MEINHARDT, Hans: The algorythmic Beauty of Sea Shells. Berlin/New York: Springer 1995.

NÜSSLEIN-VOLHARD, Christiane: Das Werden des Lebens. Wie Gene die Entwicklung steuern, München: C. H. Beck 2004.

NÜSSLEIN-VOLHARD, Christiane: Warum Tiere so verschieden aussehen. Von Fliegen, Fischen und der Entstehung der Wirbeltiere. In: Verhandlungen der Gesellschaft deutscher Naturforscher und Ärzte Bd. 124 (2006), S. 207-225.

NÜSSLEIN-VOLHARD, Christiane/SINGH, Ajeet Pratap: How Fish color their Skin. A Paradigm for Development and Evolution of adult Patterns.
In: BioEssays Bd. 39 (2017), S. 1-11.

PORTMANN, Adolf: Tarnung im Tierreich.
Berlin: Springer 1956.

PROTAS, Meredith E./PATEL, Nipam H.:
Evolution of Coloration Patterns.
In: Annual Reviews Cell Developmental Biology
Bd. 24 (2008), S. 425-446.

PRUM, Richard O.: Coevolutionary Aesthetics in Human and Biotic Artworlds, Biology & Philosophy.
In: Biology & Philosophy Bd. 28 (2013), S. 811-832.

PRUM, Richard O.: Evolution of Beauty. How Darwin's forgotten Theory of Mate Choice shapes the Animal World – and Us. New York: Doubleday 2017.

TATTERSAL, Ian: Becoming Human: Evolution and Human Uniqueness. San Diego: Mariner Books 1999.

TINBERGEN, Nikolaas: Social Behaviour in Animals.
London: Chapman and Hall 1964.

TOMASELLO, Michael: A Natural History of Human Thinking. Cambridge, MA, Harvard University Press 2014.

WYATT, Tristam D.: Animal Behaviour. A very short Introduction. Oxford: Oxford University Press 2017.

Gedruckt mit großzügiger Unterstützung
der Alexander von Humdoldt-Stiftung.

Erste Auflage Berlin 2017

Göhrener Str. 7, 10437 Berlin
info@matthes-seitz-berlin.de

Illustration und Satz: Suse Grützmacher
Druck und Bindung: ART DRUK, Szczecin
Umschlaggestaltung nach einer Idee von Pierre Faucheux
ISBN 978-3-95757-457-2

www.matthes-seitz-berlin.de